清净心看世界 欢喜心过生活

朴石 著

中国华侨出版社

前言

最好的生活常常存在于他人的羡慕里。我们容易羡慕他人的生活,并常常设想"如果我是他,该有多好"。然而,那些浮于表面的美好下,总会掩藏着不为人知的苦涩。人们只看到一面的光鲜,却不可能对另一面的灰暗感同身受。生活本就是不完美的:期待会令人满足,但更多的是令人失望;梦想会实现,也可能最终破灭;爱人会相守,也会被迫离别……我们无法同时拥有生活所有美好的地方,优劣参半才是人生。如果你执迷缺憾,人生将变成黑色的旋涡;如果你坦然接受,就会发现人生的欢愉远比苦痛更多。生活并未改变,改变的不过是心境。

同样的地方,有人觉得嘈杂,有人觉得安静;同样的生活,有人觉得闲适,有人却觉得太过安逸。很多人辗转各地，只为寻找到那个最令自己感到满意的环境，却始终无果。生活并未因环境而有所改变，在任何一个城市，都要面临相同的问题。升学、就业、结婚、生子，贫穷、孤独、痛苦、愤怒，这些问题并未因地点的变换而消失。相比之下，一个人生活的方式要比选择环境更为重要，如何活比在哪儿活更值得思考。

林清玄说，以清净心看世界，以欢喜心过生活，以平常心生情味，以柔软心除挂碍。以清净心看世界，世界的喧嚣无法破击静心的城墙；以欢喜心过生活，生活的起落无法改变自我的精彩。这或许就是每个人都在寻找的美好生活的秘密。

人生的玄妙之处就在于，岁月的流逝永不逆返，而尚未到达的未来永远没有被规划好的统一形态与规则。所以，人们对过去伤怀、对未来迷茫。然而，无论过去还是未来，都不过是人生岁月中的一部分，拥有一颗清净心，无论你站在人生的哪个节点，都能心绪清明、心思澄澈；持有一颗欢喜心，无论你处于人生的哪个阶段，都能粲然微笑。

目录 CONTENTS

第一辑　谁的爱里没有遗憾

1. 情深智不迷　　　　　　　003
2. 当深情遭遇生死离别　　　005
3. 过度的爱便是伤害　　　　007
4. 最不能强迫的是情缘　　　010
5. 有些不合适无法妥协　　　012
6. 各奔东西也是一种幸福　　014
7. 别让你的爱活在过去　　　016
8. 成长于失去　　　　　　　019
9. 不愉快的部分，忘掉吧　　021
10. 得到与没得到都是故事　　024

第二辑　岁月挡不住笑靥如花

1. 微笑的软力量　　　　　　029
2. 烘暖人间烟火　　　　　　031
3. 计较是失去的开始　　　　034
4. 一种"圆满"的自觉　　　036
5. 停止无谓的抱怨　　　　　039
6. 别急着发脾气　　　　　　042
7. 恨与不恨，一念之间　　　044
8. 做一个懂得幽默的人　　　047
9. 人生没有那么多伤春悲秋　049
10. 多一些善意的肯定　　　　051

第三辑　这世界需要你的善意相待

1. 用温暖的眼看世界　　　　　057
2. 以爱和尊重的名义经营婚姻　059
3. 最不能等待的事　　　　　　062
4. 不忘师恩　　　　　　　　　065
5. 父与子要平等　　　　　　　067
6. 如水清淡为君子之交　　　　070
7. 格子间里的情谊　　　　　　072
8. 邻里之间不必那么远　　　　075
9. 恩情无法报答，但必感念　　077
10. 对手是另一种伙伴　　　　　080

第四辑　接纳别样之美

1. "过界"又怎样　　　　　　　　　　085
2. 人生是一串烦恼穿成的念珠　　　　087
3. 容许他人犯错　　　　　　　　　　089
4. 包容自己的不完美　　　　　　　　092
5. 不要求生活格外厚爱　　　　　　　094
6. 留有余地，才能海阔天空　　　　　097
7. 襟怀要匹配内心的容量　　　　　　100
8. 真正的境界是平常心　　　　　　　102
9. 成功者的襟怀：放低姿态　　　　　104
10. 生命的本质是不断行进　　　　　　107

第五辑　生活总有生生不息的希望

1. 每一天都是一次新的开始　　　　　113
2. 告诉自己：还有希望　　　　　　　116
3. 你没有理由荒废自己　　　　　　　118
4. 在正确的方向努力，就会有回报　　120
5. 就让往事随风　　　　　　　　　　122
6. 战胜自卑的努力都有价值　　　　　125
7. 就算全世界否定，至少你相信自己　127
8. 请别说：这就是命　　　　　　　　130
9. 没尝试过的事，不能说不行　　　　132
10. 惰性消磨生命的活力　　　　　　　134

第六辑　在低谷向上而生

1. 从内打破自己　139
2. 德行永远是立足的根本　141
3. 方如行义　144
4. 人人都有一种天赋叫坚持　146
5. 不是所有固执都有好结果　148
6. 对成功，别那么迫切　151
7. 没有谨慎的态度，智慧会被浪费　153
8. 坚定的目标更易实现　155
9. 突破，拼的是自己　158

第七辑　所有沧桑都是一种经历

1. 因为经历忧患，所以懂得慈悲　163
2. 很多痛，不能用来反复缅怀　166
3. 所受的苦都是必经的路　168
4. 放下是更好的选择　170
5. 回避永远不是解决的方法　173
6. 怕受伤，人生的路会越走越窄　176
7. 沧桑从来不是停下的理由　178
8. 不能逆转的灾难，不如接受　180
9. 看透，沧桑后的明澈　183
10. 一切沧桑都是为了寻找心安　185

第八辑　与幸福的不期而遇

1. 幸福本来就在身边　　　191
2. 生活的细节给你最大的惊喜　　　193
3. 每个人都是最深的宝藏　　　196
4. 如果苦闷，就换个角度　　　198
5. 不需要那么多，够用刚好　　　200
6. 在每一件小事上付出努力　　　203
7. 让自己常常感到满足　　　205
8. 不必活在别人的羡慕里　　　208
9. 有些事，说太清楚便是无趣　　　210
10. 无所畏惧的人最幸福　　　213

第九辑　人生是一场心灵的修行

1. 活出自我，就活出了精彩　　　217
2. 了解自己的缺点才能进步　　　219
3. 不辜负自己的善念　　　222
4. 身外之物，不是我们活着的目的　　　224
5. 简单生活，自有其快乐　　　226
6. 孤独是心灵的修为　　　229
7. 时时不忘见贤思齐　　　231
8. 懂得维护他人的尊严　　　234
9. 闲言碎语，听听就算了　　　236

第十辑　关于生命的点滴智慧

1. 感恩经历的一切　　　　　　241
2. 没有一种工作不需要吃苦　　　243
3. 从爱好中体验快乐　　　　　　246
4. 为自己的身心减压　　　　　　248
5. 总要有所割舍，才能有所获得　250
6. 健康就是最大的幸运　　　　　252
7. 年轻无关年龄，而是心态　　　255
8. 有错误要"认"　　　　　　　257
9. 去自然中寻找困惑的答案　　　259

第一辑
谁的爱里没有遗憾

我们都渴望爱情的完满，而实际上，没有人能找到没有缺憾的爱。

我们渴望实现"偕一人终老"的誓言，然而我们总是会在无数错过、无数失去之后才能等到那个人的姗姗来迟。

谁的爱里没有遗憾，错过便放手，失去便祝福。

1. 情深智不迷

情之一字，从古至今，无人能免。"问世间情为何物，直教人生死相许。"生死都可以置之度外，何况其他。什么是深情？深情就是坦荡，深情也是包容。在爱情面前，一切阻碍都不堪一击，爱情的力量超越时间、空间、生死，让两颗心紧紧相连。每个人都像徐志摩的诗中那样，在茫茫人海寻找唯一之灵魂伴侣，只是，有人很幸运地得到了爱，有人终生没有尝过真正的感情滋味。

有人说，爱情的本质是一种执迷。因为爱情，人们可以轻易抛弃清明的心境，任由自己沉沦苦海，任由自己不得解脱。没有人能告诉你执迷是一种错，人人平等，又有谁能判另一个人的对错？只是，心若被情俘虏，从此就会有无穷无尽的烦恼，若当事人心甘情愿，倒也无妨；若当事人抱怨连连，不由要奉劝一声"看破红尘"。虽然更多的情况是人们抱怨并幸福，宁可烦恼，也不放弃来之不易的情感。

一位年轻的女作家在自己的博客里开辟了一个专栏。最初，她只是为了给自己增加一笔收入，但是伴随着越来越多的人给她留言、写信，她越发重视这个专栏，不是为了名气，而是发现人在面对感情时，总是表现出和平日截然不同的一面。

那些精于算计的人，在爱情面前变成了白痴；那些暴躁易怒的人，变得柔情似水；那些不可一世的人，常常苦苦哀求……但是，这些改变并没有让他们的爱情长久，最终还是得到了分手的结局和随之而来的伤痛和失控。作家不解：为什么无论多高的智慧、多强的力量在爱情面前都是不堪一击的呢？

　　迷恋，是深情。爱情的感觉不可遏制，一旦生根，就很难拔除。人们常说恋爱会使人的智商降低，就是因为在爱情的世界里，不需要算计也不需要规划，完全是发乎本心的情感迸发，无法用理智控制，无法估测未来的走向。也许正是这忐忑却深刻的感觉，才让人沉醉其中。

　　慧心，是彻悟。有人说，情深不寿。挖空心思对一个人好，很多时候并不能换来自己满意的结果。所以，爱需要的不只是深情，还有智慧。爱情也是一门可钻研的大学问。只有深刻地理解了爱的内涵，理解了两个人的相同与差异，理解了"为什么是这个人"，并寻找一个最佳的相处方式，爱情才会长久。若只凭一时冲动，根本不用脑子，那么，度过冲撞初期的"轰轰烈烈"，接下来那漫长的磨合期，只会察觉到彼此的乏味和不完美。

　　人们常说爱到深处，轰烈便会归于平淡，但平平淡淡才是真，这就是一种彻悟。爱情，并非追求一时的新鲜；并非按图索骥，一定要按照某个条件找到某个人。爱其实很简单，随着自己的感觉和个性，慢慢学会包容与迁就，即使有一天面对分离，也因为自己努力了，尽力了，可以不说后悔。总有那么一个人会出现，就像张爱玲所说的"没有早一步，也没有晚一步"，然后就可以在心底说一声：原来你也在这里。

2. 当深情遭遇生死离别

古代一男子因深爱的妻子逝世，而万念俱灰，欲遁入空门，希望从此忘却人世烦恼。家里的长者劝慰他说："你说家中尚有父母儿女，难道你能够割舍下他们？等你伤痛初定，担心记挂他们，难道还要还俗不成？"男子似有所悟。虽然心中仍旧痛苦难忍，却也开始重拾家计，抚养孩子，孝顺双亲。

人生最大的离别就是死亡。面对亲人、爱人的离世，人们最深的感触就是痛彻心扉。但不论如何呼叫、哭泣，死去的人永远不可能再回来。活着的人，只能对着逝者生活过的地方怀念，怀念他的一举一动，每一个习惯。有时候做梦梦到，希望梦永远不要醒。可是，逝者不可追，一切都是枉然。

在爱情中，留下来的人是最伤心的，要背负两个人的回忆，面对一个人的生活。不管多少人劝导"看开点"，或者"忘了吧"，但自己的心情只有自己才清楚，就算勉强露出笑脸，心底的伤痕也会越长越大，什么都填不满。"十年生死两茫茫，不思量，自难忘。"正是这种伤心的体现。不想也不会忘，想了更不会忘，就在反反复复的折磨中，"为伊消得人憔悴"。

更可怕的是，回忆有美化作用，没有什么人能比逝去的人更好。当你反复回忆一个人的一颦一笑，你会过滤掉他的所有缺点，就算记得缺点，也连缺点都觉得很可爱。如此一来，现实生活中再出现的人，无论如何也无法与逝去的那一个相比。在这种不公平的比较下，现实生活会越来越苦闷无趣，只有在回忆里才能得到快乐，但回忆的东西已经失去，快乐过后，只有更深的伤感与疼痛。

汉朝时，汉武帝有个宠妃李夫人，也就是诗中"绝代有佳人，幽居在空谷"的主角。这个女人很聪明，当她病重的时候，拒绝再见汉武帝，为的就是汉武帝不会目睹她被疾病摧毁的容颜，让汉武帝心中永远是一个倾国倾城的她。

李夫人去世后，汉武帝果然对她念念不忘，到了晚年，还到处寻找方士，想要唤回李夫人的灵魂，和她见上一面。有个方士真的招来了李夫人的灵魂，与汉武帝隔帘相见，以慰帝王相思。但是，这个"魂"并不是因为方士的奇妙法术，而是用皮影剪成李夫人的形貌，隔着帘子，看上去像是真人还魂。

人死万事皆休，即使以汉武帝的雄才大略，也不能使逝去的人返魂，所能做的不过是自欺欺人。每个人的寿命不一样，能够"同年同月同日死"的夫妻并不多见，更多时候，一方撒手而去，另一方留下来继续生活，完成对方的嘱托，照顾双方的家人，也许还要抚养子女。当重担压到未亡者身上，更是加倍体会到对方不在了，自己将要孤独一人。

有慧心的人，要学会在生与死之间安慰自己，也安慰对方。人生道路并不长，在短短的时间里，遇到过一个真心相爱的人，并且有相守的过程，比起那些不相信感情和那些一辈子碰不到爱人的寻找者，已经是一种幸运。爱过，就好过两手空空，什么也没有得到。

关于生离死别，中国历史上还有这样一个故事，发生在最具浪漫气质的先秦哲人庄子身上。庄子一向超然物外，即使君王请他去做官，他也不理会。对待妻子，他也有和别人不一样的态度。庄子的妻子去世时，他的好朋友惠子去吊唁，发现庄子竟然敲着瓦盆，快乐地唱着歌。惠子大怒，庄子却说："我的妻子辛苦了一辈子，今天终于能够解脱，在天地间自由自在，我应该为她高兴才对。"

在生死问题上，我们难以做到像庄子一样达观，但仔细想想，人死不能复生，不如对逝者寄托一份美丽的愿望，一味地伤怀哀痛，也只是徒劳。逝者不可追，也不必追，认真地活下去，完成生者的责任。我们不能勘破生死的距离，但如果真心爱恋，就将它看作一个考验，考验这份感情能不能令自己改变自我，坚强心智，怀念一生。

3. 过度的爱便是伤害

一位师父带着小弟子下山，他们路过一个鸟语花香的园子，一派春日祥和景致，师徒二人正在享受漫步的悠闲，突然听到一棵高大的树上传来一阵哀鸣，举头看去，是一窝小鸟因害怕而啼叫。

"这么小的鸟却放在这么高的树上，难怪会害怕。"小徒弟说。他不忍听到小鸟的叫声，就拿了梯子，把鸟窝放在低一些的树枝上。

师父微笑赞许："有爱生护生之心，很好。"

第二天，小弟子关心小鸟，偷偷去花园，又听到小鸟的啼叫。于是，他又将鸟窝放低了一些。如此几天，小鸟终于心满意足，发出欢悦的声音，小弟子终于能够放下心来。

没过多久，小弟子又一次和师父下山，路过花园，却听不到鸟儿的声音，只看到低矮树枝间空荡荡的鸟巢和散落的羽毛。原来，鸟巢放得太低，小鸟被附近的野猫叼走了。

师父见此情景，摇头说："万物有定分，你过分帮助它们，却是害了它们。"

小弟子突然醒悟，心内懊悔不已。

爱一个人的时候，就想把自己能想到的一切都给对方。可是，给得多了，对方常常觉得承受不住。就像一个燃烧的火炉，一味添加炭火，不会使它更旺，反而可能熄灭燃起的火焰。因为，炭太沉了；因为，炉子里空间不够了；因为，看到还有那么多炭，火焰厌倦了燃烧。爱情有时就像炉中的火焰，不是你给得多，它就会一直光耀动人。

世间有很多人在爱情中愿意尽可能付出，也是希望对方感觉到自己的重要，让其有一种"错过了，就再也找不到这么好的"的感觉。可惜，爱情并不是择优录取。我们经常看到一个人在两个追求者中，选择的是看上去不那么理想的一个，而且选择者看上去还很幸福。其中滋味，恐怕只有爱过的人才能了解，旁人看去，不过雾里看花。

过度的爱对于接受者来说，可能是喜悦，也可能是伤害。就像两个人面对面坐着，一人拿一个杯子，一个人不停给另外一个倒水，而自己的杯子始终空着。最后，一直喝水的人终于受不了了，可能觉得对方给得太多，心存愧疚；可能觉得一直不停地喝，觉得腻烦；也可能因为自己始终不能为对方做些什么，找不到存在感。总之，在对方无尽的给予中，他再也感觉不到喜悦。感情走到这个地步，分离是必然的结果。

芳芳握着自己的手机，在屋子里走来走去，她想要打一个电话给自己的上司。这个电话在她心中思考了很多次，连每一句话怎么说，都已经不知想了几千回。可是，她还是没有鼓起勇气按下通话键，只是盯着号码发呆。

上司是芳芳的情人，早就有家室。在芳芳工作之初，她因为年轻不经事，惹了很多麻烦，幸好上司一一帮她挡下来，仔细教导她如何为人处世，才让她有了今日的位置。相处得太久，二人情愫暗生，私下往来已有三年。这三年来，芳芳一直痛苦，她觉得对不起对方的妻子儿女，可又不想离开自己的上司，她也知道这样下去不会有任何结果，却狠不下心说分手。

今天，芳芳去参加朋友的婚礼，看到新郎新娘恩爱无间的样子，看到众人的祝福，她突然觉得凄凉，自己与上司恐怕不会有这样的机会——一份不被道德允许的爱情，怎么能得到祝福？这个晚上，芳芳想了又想，终于给上司发了一条短信。早上到了公司，她将早就写好的辞职信递了上去。她相信，在安全的界限内，自己也一样会遇到真正的爱人。

在爱情中，度不只是指数量，有时候代表一种界限。这个界限可能是心理上的，更多时候是道德、舆论上的。就像故事中的芳芳，不管她有什么样的理由，都破坏了别人的家庭，是一个"越界者"。她能够及时收手，成全的不只是那个家庭，还有她今后的幸福。唯有找一个真正的爱人，才能让灵魂真的安定下来。留恋别人的东西，终究觉得不甘心。

尽管总是有人叫嚣着"爱情无罪"，以为爱情是一个万能的理由，有了它就能无视一切。但是，人毕竟生活在社会中，你重视爱情，其他人还看重因爱情而来的责任，甚至更看重后者。你认为自己得到了爱情，或者在争取爱情，别人看到的不过是不负责任，缺乏道德。

对待爱情时，要做一个聪明人。不要去做别人的"副册"。不管你的地位如何，就算你觉得自己很重要，也不过尔尔。对待爱情不专一的人，心已经分成了两半，或者三半，或者更多，你只能占据很小的一部分。何况，今日不专情，就不要指望明日会变得专情，和这样的人在一起，只能看着自己的"份额"越来越小，纠缠到最后，连最初的分量也没有了，这时候怪自己看错人吗？不对，是因为你小看了自己，也就无法让别人看重你。

有慧心的人，懂得如何把握爱情的"度"。他们不会用尽生命去讨好一个人，因为明白勉强无用；他们不会轻易踏入爱的禁区，因为知道会两败俱伤；他们更不会轻易错过灵魂的伴侣，因为知道真爱无价。这是爱情的"度"，也是智慧和幸福的度。

4. 最不能强迫的是情缘

宋家公子到了成婚的年龄，他一直爱恋世交家中的余小姐。余小姐从小就有才名，为人柔美谦和，是宋公子梦寐以求的淑女。可是，余小姐在娘胎时就已定下姻缘。

余小姐出阁那天，宋公子借酒消愁，喝得疯疯癫癫，跑进山里大哭。恰有一位老师傅正在歇脚。宋公子说："真羡慕你，没有我这样的烦恼。"老师傅说："公子不必如此，各有姻缘莫羡人，焉知你日后没有属于自己的缘分？"

两年后，父母命宋公子娶一位高官的女儿，宋公子原本以为公府小姐定是刁蛮之辈，没想到进门的妻子知书达理，青春貌美，竟比那余小姐更中心意。

宋公子这才相信冥冥之中自有其姻缘。

故事中的宋公子，他单恋余小姐不成，或许只是因为缘分尚未来到，如果他当时就放弃婚配，又如何能娶到满意的妻子？可见凡事都不可操之过急，是你的终归是你的，不是你的强求来也不见得会有好的结果。世间万事都不可强求，特别是缘分，更是可遇而不可求的。

什么是缘分？在民间传说中，司掌男女姻缘的是一位笑吟吟的白发老人，他手中拿一段红线，系住有缘的男女。只要被这红线系住，不论天南海北，总能聚在一起。就像有些夫妻，在人们看来，他们根本不可能认识，很难凑到一起，可他们就是在机缘巧合之下相遇、相爱，最后共度一生。相反，那些没有缘分的人，即使住在隔壁，也可能终老不相识。

  人有时也会感叹缘分的渺茫，怎么会那么巧就遇到了呢？所以人们总觉得"看着差不多"，就以为那是缘分。等到真的了解了，才明白全都是有缘无分。其实，做人不妨放平心态，不要那么钻牛角尖，该放手的时候就放手，该解脱的时候快解脱。等一等，找一找，总会有属于你的那一份缘。

  男孩对女孩的感情，从第一眼就开始了。那是分班考试的时候，她就坐在他旁边的座位上，端庄美丽，让他眼前一亮。很幸运的，他们分到了一个班级。男孩对女孩表白过，但没有被接受，女孩说自己有喜欢的人，她很专情。从此，男孩就开始了没有结局的苦恋。每天注视着女孩的一举一动，生怕错过什么。

  有时他也会哀叹自己的死脑筋，身边明明也有其他选择，条件也不错，自己却转不过弯，拒绝了人家的好意，继续选择单恋。时常也会想振作一点，宁可没遇到过这个人，但第二天看到女孩，又开始心猿意马。他不明白为什么上天让他遇到了爱人，却只能眼睁睁看着她属于别人……

  人生七苦，最苦那一味，就是求不得。在《诗经》中，君子求淑女不得，夜不能寐，辗转反侧。到了现代，情况没有好转，多少人像故事中的男孩，为着一个不能得到的人，失眠直至天明。可是，君子有心，淑女无意，再多的愁思也是白费。有时候通过努力，能够得到这段爱情；更多的时候是怎么努力都得不到对方的青睐，或者就算得到了，也全然不是那么回事。

  惦念着不会属于自己的东西，就是单相思。单相思的人体会不到真正的爱情，他们的爱情只是自己的想象，不能真的与梦想中的那个人共同体验生命，只能一次又一次在幻想中勾勒如果身边有那个人，会是怎样的情形。单相思到了最后，就成了自己骗自己，为一份永远没有回报的感情耗尽心力，不能说是犯傻，但也算不得高尚。

  爱情是两个人的事，两情相悦的才能叫作爱情，毫无结果的单恋只能说是"执迷"。有慧心的人在这方面就做得很好，他们可以直率地表达自己的好意，也能潇洒地放开不属于自己的东西。在"人为"做不到的情况下，他们会控制自己的感情，而非执迷不悔。

金庸先生的小说《白马啸西风》中，女主角李文秀有一句疑问打动人心：如果你深深爱着的人，却又深深爱上了别人，能有什么法子？在小说结尾，女主角成全了自己心爱的人，独自牵一匹白马前往江南。其实，小说这个结尾很开放，焉知在美丽的江南烟雨中，美丽的女孩没有另一段相遇？李文秀如此，你也一样。

5. 有些不合适无法妥协

接到雯雯的结婚请柬的时候，所有人都不相信自己的眼睛。其实，一开始雯雯的父母听到这个消息都大吃一惊。雯雯说她遇到了真命天子，认识三个月，两个人就决定结婚。大家都劝雯雯不要把婚姻当儿戏，好好考虑清楚。雯雯呢，和爱人你侬我侬，根本不相信会有什么问题。

没想到结婚刚刚三星期，问题就来了。雯雯和爱人都是事业型的人，性格强势，喜欢命令人，不喜欢被人命令，两个人动不动就吵嘴，甚至经常为一顿饭吃什么大动干戈。两个人都不能忍受对方的专断独行，但二人从品位到爱好都南辕北辙，随时都可能因为一件小事产生分歧，根本没法商量出个结果，每次都以争吵告终。

一年后，雯雯结束了自己的婚姻，她对这段婚姻的评价是："他没什么不好,但我们真的不合适。我以前总认为夫妻之间没什么不能磨合。现在才知道,是一家人,才进一家门,否则只能各走各路。"

相爱总是简单,相处太难。相处的艰难,在于人与人的性格不同。每个人都有自己的性格侧重,有人安静有人喜欢说话,有人直白有人注重含蓄,有人温柔有人言行粗鲁……性格一旦形成就难以更改,所以朝夕相处的两个人势必会产生摩擦,摩擦会上升为矛盾,矛盾如果不能调和,彼此再也不能容忍对方,就只好选择分手。

既然性格不同,那么妥协不是一个好办法吗?问题是,有些事可以妥协,有些事无法妥协。例如,两个人一个喜欢喝咖啡一个喜欢喝茶,这好办,可以各喝各的;但是,如果两个人在思想上、价值观上都不相同,这让两个人如何妥协?难道让一个人委曲求全,一辈子过着自己不喜欢的日子?这样的婚姻,即便最初有深厚的感情,也会在日久的"煎熬"中慢慢消退,与其勉强支撑,不如果断放弃。

爱情和婚姻就像齿轮,总要对得上才走得下去,不能咬合的齿轮,只会发出刺耳的噪声,耽误彼此的人生进程。当然,也会有人选择为了爱情,将自己磨得平平的。可是,一旦你被磨平,接触对方的机会就少了一大半,随着契合度的一天天减少,终究还是会成为陌路之人。过得好一些的,爱人变成了偶尔拌嘴的亲人;过得差的,干脆成了互相憎恨的怨偶,看对方一眼都觉得难受。爱情到了这个地步,还有什么值得留恋的?

因性格不合分手,说起来固然可惜,但是,对两个人来说,却未必是一件坏事。因为在热恋之中,很多矛盾双方都愿意妥协,愿意退一步。但是,这种退步是暂时的。等到热情冷却,日子归于平淡,两个人的心态就完全改变了,不再认为自己有理由退步,为什么退步的是自己?自己退得难道还不够吗?这个时候再吵翻分手,只会把美好的部分也抹杀掉。

在感情上,就算再有智慧的人也难以做到始终收放自如。不过,有智慧的人懂得在热情之余,分析感情中存在的问题。如果当真有无法调和的性格矛盾，可以试着沟通，试着彼此谅解。如果努力之后发现仍然不能适应对方，那么，他们会考虑分开，因为再纠缠下去结果也是一样的，除非做一个被磨光的齿轮。

爱，不等于要失去自我。如果失去自我，对方当初爱的那个人也就消失了。爱你的人，爱的应该是你的全部，包括优点和缺点。个性上的棱角，可以适当打磨，但不能完全泯灭自己的光华。所以，不必担心分手就是错过，对于不适合的恋人而言，它或许是为彼此提供幸福的机会。那个最适合你的爱人，也许就在不远的地方等着你。

6.
各奔东西也是一种幸福

一个姑娘和她的男友面临着即将各奔东西的命运。自己即将去英国留学，而男友要去日本。

还有更实际的问题，姑娘的父母移民英国，也就是说，她将来也可能留在英国，而男朋友却想日后在国内发展，还希望姑娘留学后回来，可以做家庭主妇，也可以找一份轻松的工作。姑娘不愿屈就自己，她也有自己的想法。

晚上，姑娘翻来覆去地想这个问题，最后决定走一步算一步。但是，迷茫而不确定的道路，究竟还能走多远呢？

只有未经世事的人才会相信：爱能战胜一切阻碍，爱就是一切。为了爱情，可以抛弃学业，抛弃亲友，不管多少人反对，也要和对方在一起。其实，没有人能反对你的爱情，除了你自己。随着年岁的增大，我们越来越懂得权衡，就像在心中架起一架天平，一边是爱情，一边是自己的前途和未来的生活。随着心事越来越重，爱情的分量变得越来越轻，当初义无反顾的勇气也会渐渐消退。

很多爱情的结果都是各奔东西，有的人余情未了，藕断丝连；有些人从此互不往来，只当彼此是回忆中的过客；有些在过尽千帆之后尚能破镜重圆，却发现找不回最初的那颗真心。就像电影里说的，爱情似乎也有一定的保质期，过期不候。

不过，各奔东西有时并不是单纯的自私选择，更多的是考虑了两个人的将来。不是所有人都会把爱情排在第一位，有些人重视事业，视事业为生命的意义；有些人孝顺父母，认为老人的心愿大过一切……当爱情与自己心中最重要的东西发生矛盾，选择放弃，并不一定是错的。当两个人恰好都是这样的人，或者恰好能够体谅对方，那么各奔东西为的其实是两个人各自的幸福，即使那幸福与对方无关。

大学四年，汪阳与男友相识相恋，度过了一段甜蜜浪漫的时光。临近毕业的时候，就像每一对"毕业那天说分手"的情侣，他们遇到了实际问题。男孩按照家里的要求回去当公务员，汪阳却希望留在大城市继续发展。再三商量后，两个人发现谁也不能放弃自己的事业，他们只能选择放弃爱情。

男孩离开后，汪阳瘦了许多。白天的时候，她是朝气蓬勃的外企高薪员工，晚上则以泪洗面，反复回忆她与前男友共度的那些日子，越想越觉得放手太可惜。可是，她不愿放下大都市的繁华，去一个小县城过平淡无奇的一生。她陷在痛苦中，也曾疯狂地找过那个男孩，可是男孩更换了所有的联系方式，像是人间蒸发了一般。

汪阳的情绪一天比一天低落，她久久地徘徊在事业与爱情中，无法抉择。直到有一天，老同学告诉她男孩已经结婚。这消息非但没有让汪阳走出迷恋，反倒让她更深陷在痛苦中，她不断想如果自己肯放下现在的工作，新娘可能就是自己。终于，她因为精神萎靡在工作中频频出错，被上司叫去谈话，她这才发现自己为了一段早已不在的爱情，失去了太多东西。她开始重新振作打理手头的工作，在上司的夸奖和同事们钦佩的眼光中，她突然意识到：这不就是她一直争取的东西吗？就这样，汪阳终于走出了过去的阴影，她衷心祝福前男友能够幸福。

不是所有相爱的人都有白头偕老的宿命，有些人因性格无法相守，有些人因为前途，只能搁下曾经的爱情。这是一种选择，无关对错。但是，选择过后就有失落，放不下的人会在此后反反复复权衡比较，不停地问自己："我是不是选错了？"

敢于选择就要敢于承担。要想想当初为什么会做这种选择。我们常说的慧心是什么？慧心就是懂得权衡，就是能够看清自己最需要的是什么。爱情固然迷人，但如果自己更需要的是广阔的人生，是在最合适的地方确立自我的价值，而这时爱情不能与之两全，就需要自己作出一个决断。委曲求全，既完成不了自己的心愿，也耽误了另一半的幸福。与其如此，不如暂时忍受分手的阵痛，过后迎来的或许是更美的春天。

7.
别让你的爱活在过去

爱过了，就不容易放下。即使对方犯了错误，即使对方辜负了自己，也希望对方只是一时糊涂，想要给对方一个机会。或者说，不是自己想给对方机会，仅仅因为不愿意离开对方，不管对方做什么，都想在那个人身边。

世间不知有多少痴男怨女，都在重复这样一个徒劳的过程。就像故事中的女子，宁愿放弃极乐世界，也不愿舍掉心中对另一半的牵挂——即使对方曾经辜负过自己。也许，这就是爱情盲目的一面。

在恋爱中，很多人都盲目过，或者说每个人都是盲目的。总认为自己的爱情是最好的，自己的爱人也是最好的，没有什么能够代替。一旦失去，就会觉得自己失去的不是一段感情，而是连血带肉地剜掉了生命中最重要的那一部分，疼得撕心裂肺。就这样，他们被过去的恋情束缚住，只看得到曾经，根本忘记了世界上还有"未来"这个词。他们相信自己爱了一次，就不可能再爱第二次。

"一生一次一个人"这种想法很浪漫也很唯美，可在实际生活中，它的难度系数太大。人们都说初恋最重要，但多数人深爱的伴侣并不是初恋的那一个，人在个性与经历都成熟之后，再谈感情，才更容易明白什么才是自己最想要的。而过往的那些爱恋，或许只是催促你成熟的锻炼。

不管谈多少次恋爱，琳总是忘不了初恋男友佟。佟是琳的大学同学，就在隔壁班，上课的时候，常常在走廊擦肩而过。佟那扑朔迷离的眼神，琳多年后仍然忘不了。

有一天，琳接到了一条没头没脑的短信："做我的女朋友吧。"不知道为什么，琳感觉发信息的人是佟，即使他们连话都没说过一句。第二天，琳忐忑地走向那个走廊，佟就在窗台旁站着，微笑地看着她。从此，他们朝夕相伴，整整三年时间，佟为琳忙东忙西，带着她去学习、旅游、实习，为了买她中意的礼物，做了半年的家教……琳觉得，爱情中所有令人感动的事，佟全为她做了。所有的浪漫，都被她尝过了。

后来，佟爱上了别的女孩，琳在伤心过后，终于接受了这个事实。分手后，琳迫不及待地交了第二个男朋友，但她发现这个人远远比不上佟。接下来的每一个男朋友，琳总会拿他们跟佟比较，不是觉得他们没佟帅，就是没佟体贴，或者没佟浪漫。琳的闺密对她说："即使有一天佟真的回来了，他也许也不知道如何与你相处，你已经把他和那段过去'神化'了，其实，佟没那么好，至少现在追你的人有一个佟没有的优点：对你一心一意。"

很多人喜欢回忆过去，回忆不都是美的，过去的恋情不一定都是美好的，还可能是深深的伤害，让人再也不敢相信爱情。可偏偏有人就是喜欢抱着残缺的东西，一再地发掘出最好的那部分，当作此时此刻的恋爱标杆，如此本末倒置，也难怪总是忘不了刺心的东西，一再错过更美丽的相遇。当局者迷，旁观者清，故事中，琳的闺密说了句大实话，一语点醒梦中人：再好，也是背叛了你的人；再不好，也是深爱着你的人。

过去的恋情，有好有坏，可能别人伤害过你，也可能是你伤害了别人。后者更容易怀念前一段感情，因为对方付出得更多、更用心。其实，怀念是人之常情，过去的人就算再不好，总也有值得留念的地方，如果现在再有些不如意，也可以寻找一些安慰。可是，那安慰终究是虚浮的，改变不了你的现状。现实生活中，破镜重圆的概率并不大，一旦分开，一切便成为过去，这是每个人必须接受的现实。更何况，即便破镜重圆了，谁又能保证彼此的关系还能一如从前呢？

有一双慧眼的人，应该明白爱情中也有"俗气"的成分，这就是一份爱情到底值不值得你投入，值不值得你回忆。当你遇到一个负心人，对你并不在意，你为什么还要苦苦单恋，念念不忘？这不是太过看轻自己吗？难怪对方不在乎你。过去的，就让它过去吧，好也罢，坏也罢，都是点缀，成不了主题，看开一点，才能走得更远。

8. 成长于失去

慧没想到离婚会降临在自己头上。

慧人如其名，凡事都拔尖，是个才貌兼备的智慧型女性。她年纪轻轻靠着自己的打拼，有了房产和车，别以为她是女强人，就连在厨房，她的表现同样令人赞不绝口。不要以为她处处要强，在生活中，她也有小女人天真娇柔的一面，让丈夫喜上眉梢。人们都说慧是个十全十美的女人，她的丈夫真是有福气。

然而，所有人都没想到，慧的丈夫竟然移情别恋了，要与慧离婚，并告知她即将与对方移民到国外。被留下的慧根本不知道该做什么，对着空荡荡的房间，怀念着丈夫，想着自己的蠢——竟然最后一个知道对方出轨。慧放声大哭，一连几天吃不下一口饭。

正在这时，上司一个电话召回请假疗伤的她，原来公司的一个项目出现重大漏洞，亏损严重，所有员工的心都被提了起来，忙碌着弥补损失，慧自然不能置身事外。她开始一天坐好几次飞机，日程表排得满满的，奔波于各个城市，睡觉时间都是在机舱座椅上度过的。这样忙碌了足有一个半月，事情才出现转机。慧不敢松劲，又亲自把关盯着每一个环节，又过了一个半月，这件事才办妥。公司上下松了一口气的同时，慧因为临危不惧的表现和突出贡献，被连升两级，大家心悦诚服。

这时候，慧才终于有机会思考自己的婚姻。可是一过三个月，疼痛的分量似乎减轻了一大半，慧不无得意地想："我从不曾亏欠他，可他还是离开了我。他都能够割舍得掉,而我还有什么放不下的呢?"一向重情的慧,这一次竟然这么潇洒。或许,这也归功于公司突来的危机吧。

如何忘记爱情和婚姻造成的伤痛?或许,很多人会给你一些建议:给自己一个假期,去外边玩玩;重新开始新的爱情……可是,失恋的人看着青山绿水非但不能陶冶情操,还会觉得"水是眼波横,山是眉峰聚",更加思念从前的恋人;寻找下一个来填补空缺似乎更不可行,随随便便开始新恋情,没有深厚的感情基础,答应了很容易后悔,相处了也不容易相爱,最后还是以分手告终。

其实,最好的办法还是让自己安静下来,专注于自己的学业或事业。感情空虚的时候,正是充电的好机会。最初的几天,可能觉得什么也看不进去,什么也做不下去。可是,很快就会觉得把心思用在忙碌上,是一个麻痹伤痛的绝妙办法,尽可以废寝忘食,一心扑在事业上。往日那些认为是困难的东西,可以一遍遍研究,一遍遍尝试,自己忙成了飞人,感情的打击自然无处落脚。等到做出了一番成绩,才知道什么叫情场失意,其他方面却能风光。

泰国电影《初恋这件小事》讲述了一个美好的暗恋故事。

小水暗恋同校的一个男孩,在那个受欢迎的男孩面前,女孩认为自己太过平凡,没有任何资本得到对方的注意。但是,她并没有因此放弃,而是选择让自己变得更优秀。

小水由内而外地改变自己,在她的努力下,她取得了全校第一名的成绩,就连外貌打扮也由昔日的邋邋遢遢,变得时尚清新,让人心动。在这个过程中,不但那个她单恋的人对她日益迷恋,而且更多的男孩被她吸引,更广阔的未来也在她面前展开。美丽的故事有一个美满的结局,但对于那些为爱情与将来努力的女孩,结局也许并不重要……

每一种爱情都会带来伤害。相爱的人,会因为不同的性情、不同的原则,在磨合之时伤到对方;分手的人,会因为不间断的回忆,伤到自己。而暗恋的人,面对不可得的恋忘,患得患失,同样是一种自伤。治愈心伤需要智慧,就像电影中的女孩,她选择了一种积极的方式,充实自己,提高自己,就算结局并不理想，至少她已经拥有获得更好未来的筹码。

何况，那些你认为没有希望的事，并不一定真的没有希望。世界上既有覆水难收，也有破镜重圆；既有求之不得，也有金石为开。随着你一天比一天更优秀，焉知没有第二次机会？选择权其实一直在你手中，前提是你有能力把握每一个机会。与其沉湎伤心，不如赶快行动，至少让自己在未来，不再遭遇这种伤心与遗憾。

爱情难免给人带来伤害，憧憬中的爱情对照现实中的自己，更是一种隐痛。为什么要让自己处在"伤不起"状态？不如振作起来，让自己更具备吸引他人的素质，让自己更有被人爱的价值，用更多人的关注弥补曾经的失意，又能让自己有更多选择，这才是两全其美的聪明办法。

9.
不愉快的部分，忘掉吧

一位女子被丈夫抛弃，痛不欲生。她走进山林，看到临水而开的桃花被风一片片吹落在水中，点点红色逐水而去，想到"落花有意流水无情"，不禁感伤。这时，她走到耕作的山间，遇到了平日对自己多有照拂的老人。

老人见她忧心忡忡的样子，问道："孩子，你为何看起来如此悲伤？"

女子哭哭啼啼地说起自己的遭遇："我恨不得把一切事都忘掉。"

老人说："是不是连你们相爱时候的事也要忘掉？"见女子脸色犹豫，老人接着说："人和人有缘法，你们的缘分尽了，才会分开。既然你忘不了，就记住那些让你高兴的事吧！"

全心投入的一份感情，换来不圆满的结局，对于任何人而言，这都是心灵上的重创。即使很长时间过去了，那伤疤依然搁在心头，隐隐作痛。就像故事中那个被丈夫抛弃的女子，心里感伤，走到哪里都会触景生情。老人劝她想高兴的事，但是用昨天的高兴对比今日的伤心，伤心岂不是更深，甚至带了讽刺？

其实，老人想说的是：过去的人、事不一定要忘记，但一定要放下。一份爱情逝去了，可它是明明白白存在过的，谁也不可能恰好患上选择性失忆症，把它全部抹去。世界上也没有孟婆汤、忘情水之类的灵丹妙药，让你将不愉快的爱情统统抹掉。如果你扫不掉，就只能从这片废墟上拣出一些光亮的东西，这才是最聪明的做法。不光是恋爱上如此，对待世间万物都一样。

逝去爱情中，最好的那一部分，肯定是对方对自己的关怀与照顾，和对方共同经历的开心事，还有患难时期的相互扶持，有了这一部分，至少你能知道，你付出的东西，对方也付出了，你们不存在亏欠。要以旁观者的心态去欣赏这份感情，才能从回忆中提取快乐。你不摆脱它，它给你的永远是针扎似的痛楚；离得远了，也许更能欣赏它的美丽。如果客观地看你的感情，你会发现，它有很多美好与欢乐，那都是永远属于你的，这就是爱情最美的部分，即使结束，依然让人动容。

农历年快到了，小欣和爸爸妈妈一起大扫除。在地下室，小欣翻到一本日记，是爸爸年轻时候的日记，里边夹了一张照片，照片上的女孩眉清目秀，日记里写的，大多是爸爸对这个女孩的爱恋，原来，这是爸爸以前的女朋友。

小欣的心怦怦直跳，她知道父母很恩爱，没想到爸爸之前还有其他的女朋友，看样子，感情也是非常深厚的。小欣更担心的是，如果妈妈看到这本日记，会不会难受？一整天，小欣都想着那本日记。晚上，屋子打扫完毕，小欣试探地问起父母年轻时的事。爸爸妈妈竟然很怀念地回忆起当年的相遇，并说起了从前的恋人。妈妈还说："你爸爸还留着她的照片，夹在日记本里吧？你可以拿来看看！"爸爸更大方，说："前几天来拜年的张叔叔就是你妈妈当年的男朋友,你看着怎么样?"小欣瞪大眼睛问:"你们都不会吃醋吗?"

妈妈说:"我和你爸是二十几年的夫妻,还有什么事不了解。就算当年都有另一段感情,因为性格不合分手,难道就能说忘就忘?彼此体谅担待才是最重要的。"

晚上,小欣在床上翻来覆去睡不着,她已经大学毕业,迄今还没恋爱过,不知道自己会遇到怎样的爱情,如果分手了,能做到父母这样的达观吗?

过去就是过去,它不可改变,但却可以选择怎样去看待。你既可以想那些让你快乐、让你感动的部分,也可以想那些不堪回首的细节。你愿意它是好的,它就是好的,你不愿意,它就是坏的。就像故事中的夫妻,他们已经有足够的默契,去了解对方拥有的"曾经",并带着宽容的心态去看对方的过去。他们的女儿也许还不了解,有一天,她也会有机会经历,只要她能够继承父母的那一份睿智。

在对待过往感情时,学着控制自己的心,让它始终在一个安逸的位置,而不是沉沦苦海,作茧自缚。慧心,最突出的体现就是如何选择。是选择那些能够安慰自己的,还是能伤害自己的?有人说,选择安慰自己的,就是暂时欺骗自己。但那些安慰自己的也都是真实存在过的,何来欺骗?逝去的爱情就像枯萎的蔷薇,你不去想那曾经开放的花,难道去触摸还留下的刺,让自己再疼几回吗?

还有一种情况让人心中更难过,就是曾经的爱人有了新的感情,不管你如何说服自己,还是不能压抑自己的忌妒。这个时候应该如何应对?两个办法:一是自己赶快去寻找合适的那一个;二是多想想对方的好处,让祝福心理压过忌妒心理。如果两个都不行,那就来个眼不见为净,离得远一点,不再听对方的消息。

要相信,时间是最好的药物,总有一天,你会淡忘那些伤害与不甘,在偶尔的回忆中露出宁静而幸福的微笑。

10. 得到与没得到都是故事

刚刚挥别一段感情，女人心里充满烦恼，和朋友出游时向她抱怨："我如何才能不去想我的过去，我整日沉浸在回忆里，无法正常生活。难道我要一辈子活在这种折磨中？"

朋友不语，她弯下身子，拾起一片又一片的落叶。女人见风刮个不停，就对朋友说："不要捡了，反正有人会来打扫。"朋友说："我捡起一片，地上就干净一分。"女人说："你捡起一片，风就吹下一片，哪里捡得干净！"

"难道任由树叶这样落在庭院里吗？"朋友问道。

"这么落着不也挺好。"女人笑道，"秋天就是这个样子，这难道不是一道风景？"

"是啊，这么落着不也挺好，是道风景。"朋友似在自言自语。

女人听了，突然有所领悟：走过去的路，因为难忘，所以珍惜，这不正是一道风景？与其留恋，不如祝福，才不算辜负。

每一个失恋的人都把失恋当成一件天大的事，似乎人生就此改写，生命意义就此丧失，从今往后再无欢乐可言。其实逝去的爱情，正如故事中堆满落叶的庭院，你不断回想，就像不断捡地上的树叶，永远捡不干净。你若不去惊动它，也不刻意去解析它，它就可以成为一道安安静静的风景，甚至还有别样的美丽。

如何把曾经的伤痛当作一道风景？这需要一种达观的智慧。对一件事，汲取它最好的部分，以旁观者的角度欣赏，会发现更多其中的美丽。这个时候，你已经解脱，已经能够遗忘自身的喜欢厌恶，单纯地看待这件曾与你息息相关的事。这时你会觉得曾经的爱情很美，曾经经历过的一切，在你眼中都是美的，因为每件事都有积极的部分，就算是历尽苦难，不也彰显了你自己的那一份坚强吗？

很多人害怕结束，其实你可以用另一种方式让它不要结束，这就是带了祝福的怀念。带了伤心不甘的怀念，会成为心灵的束缚，但带着祝福的怀念，却能升华人的情感，让一个人站在更高的位置，看待曾经的一切。这时候，对不再是对，错也不再是错，一切只是自然而然的经历，是生命中值得回味的一部分，至少，我们是丰富的。

一位大学辅导员刚坐到办公室，他班里的一个女学生红着眼睛走了进来，坐在他面前，还没说话，眼泪先掉了下来。

"怎么了？"老师慈爱地问。女学生哭了半天，还是一句话都说不出来，老师知道这个女学生在和隔壁班的班长谈恋爱，据说最近两个人正在闹分手，原因是男孩的父母要求他去美国留学，一去就要五年。

"老师，你说，互相喜欢的两个人，为什么一定要分开？"女生终于说话了。

"因为，"老师回答。他指着窗台上开着的花对女孩说："你看，这花开得这么漂亮，有一天也是要落的，爱情也是如此。"

"就是说，早晚都要结束，再喜欢也是一样吗？"

"不对，没有结束。"老师的声音很有力，"就算花落了，你也会记住它的样子，如果那朵花够美，或者刚好是你亲手栽种的唯一一朵，你会记一辈子，这就不是结束。"

女孩被老师的比喻迷住了，凝神想了又想。

"何况，花也有再开的时候，说不定哪一天，它就重新开放了。在那之前，你必须保持自己还有一双发现美的眼睛，才能在再次开放的时候，看到，把握。"

"我明白了，谢谢老师。"女孩终于笑了，走出了办公室。

后来，已经变老的老师仍然在这间办公室里工作，而那两个孩子几经波折，又聚到了一起，他们的请柬，端端正正地放在那张办公桌上，照片中的她笑颜如花——而几年前，她曾哭泣着坐在对面。

为什么即使相爱的人，最后也会分开？也许是因为不可抗拒的外力因素，也许是因为不能调和的个性矛盾，也许只是因为长久的相处带来了厌倦和疲惫……但就像曾经开过的花，在深爱的人心中，它并没有凋落。就像歌曲《爱的代价》中唱的："还记得年少时的梦吗，像朵永不凋零的花。"

在分离的时候，为什么有慧心的人选择祝福？因为他们知道，自己因对方而改变，就像流水曾对山川缓缓作用，那些伤害和雕琢留了下来，造成现在的自己。也许不是最美的，但曾为一个人努力，或多或少让我们变得更温柔、更聪明，甚至更勇敢。而自己对对方的改变，也都留在对方身上，这些微小的习惯，从此镌刻在彼此生命中，谁也不能抹杀。可能在几个月后，或者几年后，你在一个刷牙或叠被子的动作中，突然发现了对方的影子，突然发现这个动作是和对方学的，然后才明白，什么是真正的爱。

爱对双方而言，是一种照明，让你看到自己没察觉的那一部分，或者不自觉地受对方的影响。也许对方只是一根早已熄灭的蜡烛，但温暖过你，这就够了，这就值得你说一句祝福，成全自己，也成全他人。执迷也罢，彻悟也罢，俗世中的人无法摆脱情爱，只要铭记一种爱的智慧，就能让自己迷得有价值，悟得有哲理。

所有的情爱，都源自黑夜里的一盏灯；所有的恋人，都曾是在黑夜里为你点起灯的人。你得到的，没得到的，其实都是故事的一种，而真挚的爱，会伴随你的一生，永远不会结束。

第二辑
岁月挡不住笑靥如花

　　人生那么长,你难道要一直郁郁寡欢?

　　人生那么短,你为何要用来郁郁欢欢?

　　计较、不满、抱怨、愤怒、怨恨……

　　每个人都有情绪,但不能只用这些负面情绪填满自己的生活。

　　人生岁月中的得到与失去本就是寻常,别让它们挡住你如花的笑靥。

1. 微笑的软力量

一天，一位女作家正在阳台上摆弄她养的花草，隔壁的主妇坐在阳台上，在一个大盆子里刷鞋，也许是换季的缘故，阳台上摆了七八双待刷的鞋，她手里的鞋刷不耐烦地刷着鞋面和鞋帮，女作家能够感受到她内心的烦躁。

这时，主妇的丈夫出现了，他满面笑容，手里拿着一杯鲜榨的果汁。女人冷漠地抬起头说："放那儿吧，没空喝。"作家能够感觉到男人动作的迟缓，她明白，女人需要的不是一杯果汁，而是丈夫能够帮她分担家务。可是，在丈夫为她端来爱心果汁的时候，她实在没必要把自己的坏情绪发泄出来，破坏此时的气氛。因为这种坏情绪，让温馨的一幕荡然无存。

本来温馨美满的生活画面，被主妇的坏情绪完全破坏掉，如果主妇能够按捺住心中的不快，对丈夫说一声："谢谢。"露出一个笑脸，接下来的情形会是怎样呢？也许丈夫也搬来一把小椅子坐下帮忙，也许丈夫会去厨房做一顿午饭，也许他只是站在妻子旁边说说笑笑，任何一种结果，都好过丈夫知道自己自讨没趣。妻子还在生气，她不知道下一次自己辛苦的时候，丈夫再也没心情去榨一杯果汁。

有些人做什么事都讲究"心情"，心情好的时候，困难不再是困难，可以斗志昂然地与它斗争到底。伤心的事看来不值一提，怎么能为小事伤心？就算有倒霉事，也会一笑了之。只要心情好，一切都是光明的、积极的、寓意美满的；心情不好的时候就惨了，遇到高兴事也会哭丧着脸，遇到倒霉事更会痛不欲生，这时候做什么都觉得不顺，连带运气一路走低，身边愁云惨淡，前方暗无天日，这样的人有一个贴切的形容：情绪化。

情绪化的人，总是在"好"与"不好"中来回转悠，最爱走极端，高兴的时候恨不得拿个喇叭广播，悲伤的时候恨不得流一水缸眼泪，他们无法在"好"与"不好"中间找到平衡点。他们永远为生活中的一丁点风吹草动大悲大喜，从来不知道什么是平静。而生活中，不如意的事远比如意的事要多，于是他们的情绪大多是负面的、消极的。

情绪化是理智的最大妨碍，因为激烈的情绪作用，人们很容易出现不冷静、草率、冲动等行为，进而妨碍与他人的和睦相处，还容易导致判断失误，作出错误决定。情绪化的人给人最大的感觉就是不成熟，有时甚至引起不必要的麻烦。所以，想要自己有一份好心情，首先要控制好自己的情绪。

法国有一位喜剧演员，多年来一直维持着一个习惯，就是在早晨起床后进入卫生间，对着镜子练习如何微笑。有记者采访他的时候，问起他这个习惯。

演员说："有人说一个丑角进城，胜过一百个郎中，喜剧演员的天职就是给人带来快乐。在台上，我要让人发笑，在台下，我一定要对人微笑，让别人看到我就有一个好心情。何况微笑代表一个人对生活的态度，生活不就是一面镜子，你对它笑，它自然对你笑！"

表情是一个人情绪的最直观体现，一个常常愿意微笑的人，他的心灵大多是阳光的，即使在困难中，也愿意相信希望的存在。他们身边总有很多朋友围绕，因为一个随时能够露出笑脸的人，会给人带来心灵上的愉悦，微笑是面对他人的最佳表情。人们都说，伸手不打笑脸人，当人们看着你一脸和气，就算有再多的不满，也会淡上几分。

微笑，是面对生活的最佳态度。生活中总有很多事让我们恼怒、不安、惧怕、怀疑……想要对抗这些消极情绪，一定要告诉自己：一切都会好的，只要笑一笑，一切都会过去。人之所以克制不了自己的负面情绪，都是因为心中的某种欲望没有得到满足,产生了不平衡,但多数平衡不是一己之力能够解决的,不想要坏的情绪,只能靠自己的努力,随时用好的情绪来扭转。想要控制自己的负面情绪,也可以用微笑作为开始,当你努力使自己想开些,让自己面带微笑时,你的心情多少得到了疏通,不再那么压抑晦暗。

拥有健康的心态,关键就是要常常面带微笑,微笑可以给你一种积极的心理暗示,告诉你此时此刻你是自信的、自由的,你有良好的状态,随时可以释放自我,把握机会。不要让坏情绪左右自己,也不要让琐碎事务带走笑容,心情,应该由我们自己来决定。

2.
烘暖人间烟火

每一年,寺院的住持都发起一个"扬善"活动,鼓励来此参拜的人们捐款捐物,然后寄往偏远的山区,帮助那些生活困难的人。寺里的和尚都很踊跃地参加这个活动,忙前忙后,只有一个和尚每次都不言不语。

又一年的"扬善"活动结束了,住持对那个从来不参与的和尚说:"我认为,你不适合在佛门修行,不如多出去走走。"和尚大惊,说:"住持是要赶我出去吗?"住持说:"我并非要驱赶你,但你应该多多体会一些人情。"

和尚有些生气地说:"进入佛门,不就是要了结这些人情,四大皆空吗?你现在却让我体会人情!"住持说:"人怎么能没有慈悲之心?

数次'扬善',你都体会不到善念,只视之为麻烦,这样的人,如何普度众生?"

这个和尚尚未体会到温暖待人的道理,他是在以冷漠待人。

冷漠首先是对人的无视和敌意。不论旁人对自己是好心还是恶意,都不去理会,也不去理解,只要完成自己的事,就不管其他人怎样。即使与人交流相处,也是维持恰当的友好,实质不过是互相利用与利益交换。冷漠的人最在乎利益,不能忍受旁人一丝一毫的侵犯,在这个前提下,他们越来越不讲情面,而且他们不觉得这是一个问题。即使别人对他们有好意,他们也会认为那些人有目的、有企图,冷漠,完全扭曲了人与人相处的本质。

冷漠一旦成为一种习惯,就会蔓延。对人冷漠的人,对生命也会冷漠,植物和小动物激不起他们的爱心,只让他们觉得吵闹和麻烦。他们自然也不会去享受湖光山色,因为那不能给他们带来什么好处。我们还记得鲁迅先生的小说《故乡》,鲁迅回到故乡,再也找不到从前热闹的社戏,与自己友爱的小伙伴闰土,还有昔日本分寡言的豆腐西施,所有人都因生活的折磨变得冷漠,对昔日的温情产生隔阂,让他再也感觉不到故乡的温馨。

还有一种冷漠更让人无语,这种人对动物充满爱心,对世界充满期待,对艺术表达出无上的喜爱,他们唯一没有热情的就是对同类。他们总说人心有多么坏,人有多么可怕,所以他们拒绝为同类付出。其实,同类未必有他们想象的那么糟糕,他们不过是在担心自己的付出没有回报,这才是冷漠的实质。

一群登山的人在半山腰,有个新手突然发现自己附近再也没有草根之类的东西可供攀缘,心下大急,见附近刚好有一个同伴,这才放下心。可是,那个同伴根本没有帮他的意思,看了他几眼,自顾自地爬了上去,留下新手在原地干着急,孤立无援。最后,还是先登上山顶的人发现他的窘境,垂下绳索让他爬了上去。

到了顶峰后，新手听到领队训斥那个不肯施援手的队友："你为什么不伸手帮帮他呢？"

"他并没有求我，我为什么要帮他呢？"队友不解地问。

领队是个很讲究团队精神的人，他认为登山队的成员必须有互相帮助的意识，不然在困境之下很难同进同退。后来，领队将那个不肯援助队友的人开除出了团队。

领队是不是小题大做？不是。在一个团队里，特别是在一个需要共同克服困难的团队里，队员之间的友爱互助是基础，在困难中，如果每个人都只想着自己，根本没有帮助他人的意识，注意不到他人的困难，那么这个团队就是一盘散沙，平时可以一起走，关键时刻没有一丁点凝聚力。冷漠是会传染的，一个人自私，其他人也会为自己考虑，即使再优秀的团队也会因为队员间感情的淡漠最终变为散沙，所以，领队当机立断地开除，挽救了这个团队。

总有人感叹人情冷漠，其实该问问自己：我是不是也很冷漠？当你看到一个陌生人需要帮助，你是会热情地问他需要什么，还是会本着"多一事不如少一事"的精神，置之不理？如果你都做不到热情，就没法去要求别人对自己热情。有慧心的人不会冷漠，他们的智慧能够理解他人的苦闷与无助，也知道只有帮助他人，在需要的时候才会有人来帮自己。

冷漠的人生就像一片荒漠，尽管沙子还是热的，却寸草不生，了无生趣。想要融化这种冷漠，需要自己先踏出一步，当别人有需求的时候，无论他是否开口，只要有能力，就去帮帮忙，即使你只是多说一句话，多做一件小事，在别人那里，看到的也是你热情真诚的内心。要知道，当你用善意的微笑对待他人时，你的美好形象就会在他人心中生根。

3.
计较是失去的开始

一个小徒弟秉性聪明，有过目不忘的本领，不管多么难解的诗文，他看过一遍就能默诵，还能把意思领会个十之八九，同一个寺院的其他徒弟都很羡慕他，但是，老师父却时常责备小徒弟，觉得他远不如其他弟子。

小徒弟一直不忿，有一天忍不住问："师父总说我不如其他师兄，我想知道我和其他师兄比究竟差在哪里！"老师父放下手中的书，对小徒弟说："你端着那边的果子，随我去学堂一趟。"去学堂要途经寺院中间的一个院落。此时正是院中人多的时候，有人匆匆忙忙走来，正好撞到小徒弟，差点打翻他手中的盘子。

"你长没长眼睛！"小徒弟大骂，"没看我拿着鲜果吗？撞翻了你能负责吗？"

老师父再三摇头，对小徒弟说："他就算撞了你，不过一句'对不起'就能了事，你何必发这么大火？何况不过一盘鲜果，何必如此计较？我说你心性不高，并不冤枉你。"

原来老师父说小徒弟不如其他师兄，指的并非是学问，而是心性。

心胸狭隘的人就如蒙尘的明珠，不同的是，旁人蒙尘是环境的作用，而狭隘的人却是自己使自己蒙尘，他们的想法也很简单：如果自己发光，照到了别人，岂不是便宜了别人？不成不成。于是，他们更希望自己黯淡一点，以免白白便宜了旁人。试想这种人如何成大事、立大业？他们一辈子都只能打自己的小算盘。

特别在对待他人的时候,有计较,就会有隔阂。总是觉得他人得罪了自己,或者总是觉得别人占了自己便宜,所以,在与人交往中,他们处于一种"严防死守"的状态,别人帮了自己,他们可能记不住,但自己如果给了他人什么恩惠,就记得牢牢的,总想着别人什么时候"报答"。更可怕的是,这些人根本不知道自己很小气,他们总认为自己很大方、很大度,更有甚者,就像全世界都欠了他们的,整天觉得别人对不起他们。

有个大学生暑假回家,突然有了社会调查的兴致。他家所在的小区处于繁华地段,楼下就有两大排饭店。繁华地段寸土寸金,饭店竞争激烈,生存不易。每次大学生回家,都会发现上一次回来看到过的几个饭店已经改了招牌,两年来,不知多少旧饭店倒闭,新饭店开张,只有一家店屹立不倒。更让大学生费解的是,这家店铺面不大,招牌不响,没有口碑相传的菜品,它不过是一间最普通的粥铺。

大学生几次去粥铺"调查",才发现粥铺长盛不衰的秘密。这家粥铺招牌上写着"两元粥铺",花两元钱就能随便喝二十几种粥,喝到饱为止。看上去,这是一笔赔钱的买卖,还真有不少人进去光喝粥。那么,老板如何赚钱呢?

赚钱的不是粥,而是搭配粥的各种各样的小菜,还有馒头、花卷、烙饼、包子等上百种主食、炒菜,这些东西价格说不上很高,但比市面上略高一点。来喝粥的人,总会搭配着买上几样,一天下来,老板非但没赔钱,反倒靠着这些简单的搭配,赚了不少。大学生这才明白"薄利多销"的意思,看来,生意场上,舍小利才能赚大钱。

人与人的相处中,斤斤计较只会带来相互算计与隔阂。那么,在社会上,特别是生意场上,斤斤计较是否就能得到更多?从这个故事来看,似乎不是。再瞧瞧市面上每一个得以确立口碑的品牌,都会打出"考虑顾客需求"的牌子,注重售后与服务,看似增加了成本,降低了赢利,但却得到了更多的推广,可谓"以退为进"。

不论生存还是处世，人们最需要的就是"空间"。空间越大，你发展得就越好，就像一株植物，放在花盆里，一丁点儿养分，只能长那么高；放在花园里，好一些；如果能放入辽阔的森林草原，让它尽情舒展，它自然枝繁叶茂。在处世时，我们完全可以迂回一些，退避一些，计较少一点，得到的会更多，至少，你会得到更大的空间。计较如果成为一种心态，更需要你高度警惕。就像进入集市选一颗珍珠，嫌这个不够圆，嫌那个有黑点，因为一点小毛病就否定所有，最后只能两手空空。

与人相处切忌计较过度，朋友间计较太多，会因嫌隙而生疏；夫妻间计较太多，会因挑剔而怨恨；亲子间计较太多，会把亲情变为债务……人世间的感情你计较得越多，失去得越多，相反，你愿意相信"吃亏是福"，尽量为别人考虑，就会拥有许多真挚的感情。当你懂得不再钻营蝇头小利，不再为闲言碎语烦心，你就懂得了真正的心灵智慧。

4.
一种"圆满"的自觉

小徒弟拿着画笔，在纸上画着一个又一个的圆圈，师父看见问："你在做什么？"

"师父，为什么我不能把圆圈画到最圆？"小徒弟烦恼地说，"我已经练习了很多天，我发现怎么画都不能画出特别圆的圆圈。"

"我觉得，你已经画得很圆了。"师父说。

"可是比起那些拿圆规画出来的，它还是不够圆，我为什么画不过圆规？"小徒弟说。

"圆规被制造出来，就是为了画圆，干不了其他的事。你是为了画圆才生的吗？不如它画得好又有什么关系？"师父哈哈大笑。

显然，小徒弟是个完美主义者，做什么都严格要求自己，这也就产生了一种挑剔心理，不管自己做什么，不能做到"最好"，就没有意义。可是，世界上哪有那么多十全十美？人们都认为维纳斯是美的，她的雕像偏偏是个断臂残疾人；人们都认为蒙娜丽莎是美的，她的微笑却没人能理解，十全十美的事物，只存在于我们的想象中。

每个人都想追求完美，完美是个让人心动的概念，犹如最美的宝石，每个角度都打磨得光滑，光芒四射。但是，即使这样的宝石，依然会有人挑剔。有人说宝石太小，有人说色泽不好，有人说不够通透，有人说宝石只镶嵌在王冠上，太不平易近人……可见，每个人对"完美"的概念不尽相同，你心目中的完美，恰恰是别人眼中的不完美。贵重的宝石尚且不能符合所有人的心意，何况只是普通人。

也许只有缺憾才能成就完美，白璧微瑕，但瑕疵不影响它是一块质地最好的白玉，更可以将那瑕疵处加以发挥雕刻，成为独具匠心的艺术品。每个人对待自己的缺点，也应该有匠人的心态，既然改不了，不妨就把它作为特点予以发挥。就像一个模特唇下有一颗黑痣，所有人都说影响形象，但她若坚持下去，这颗黑痣就成了她的标志，让人们更能在一众佳丽中，独独记住"那个长黑痣的女孩"；等到她功成名就，黑痣更会成为她的招牌。

所有人都说，余先生是个很难相处的上司。

刚进公司的销售员，可以自己选择跟着哪个上司做事，那时候，大家都盯着销售王牌余先生，真的到了他手下，才发现天天生活在地狱中。

不可否认，余先生是个优秀的人，他的工作能力数一数二，据说在生活中，他也是运动、厨艺样样好的好男人。作为上司，余先生会尽量把自己知道的东西教给下属，这也为他的形象大大加分。可是，几个月以后，没有一个销售员还愿意跟着余先生。

余先生对下属要求严格，赏罚分明，他认为按照他教的方法，每个人都能拿下预定数额的订单，拿不下，就是下属不肯努力——余先生觉得自己定的标准并不过分，那都是他还是新人的时候达到的，他甚至还把数量压低了一些。

但下属们的日子不好过，他们显然没有余先生的天分，很难完成任务，这时，他们就要面对余先生不断的责骂，冷言冷语或者板着的脸。迄今，没有人能达到余先生的标准，而余先生不觉得自己有错，他常怪其他人不努力。跟余先生相处，所有人都战战兢兢。

苛求别人的人，根本不管别人的处境，也不管别人的能力，苛刻地定下一个标准，让别人必须达到。而他们的标准，有时无异于让一个瘸腿的人去跳高。也许他们以为，自己定下的高标准是为别人好，却不知在别人心里，做根本做不到的事，是最降低自尊心的一件事。做不到还要被人责骂，滋味就更不好受。他们非但不会感谢那些要求自己的人，反倒会有隐隐的怨恨，因为，人的自信得来不易，这些人却独断地轻易打碎，不留余地。

苛求自己的人，内心深处只有完美主义倾向，他们眼光甚高，不允许自己有一丁点失败，希望事事都做到十全十美，所以，他们的心理就像在走钢丝，一点差池就会感受到挫折。这样的人因为要求高，心理也极不稳定，经常为一件没做好的小事大发雷霆，责备自己。他们活得很累，却不愿意自我解脱，仍旧按照自己的标准，如履薄冰地行事。

最让人觉得可恨的是自己没做好却还要求别人，自己做不到的事却觉得别人有义务做好。这种人习惯了自我中心，特别是在人与人的关系上，他们动不动就求全责备，指责这个指责那个，仿佛世界上只有他一个人是正确的。可以说，这三类人都在追求完美，但他们得到的，绝不是完美，而是发现了越来越多的瑕疵，越来越觉得无法忍受。但是，在他们无法忍受他人的同时，他人也越来越无法容忍他们的专断霸道。

人的心灵应该有一种"圆满"的自觉，不需要锱铢必较，逼迫自己和他人像一个车床上最符合标准的零件，要知道最符合标准的东西，恰恰最没有生气，也最让人不愿接近。而那些有缺点的东西，却因不完美显露出可爱的一面，让人更容易心生亲近。对自己和他人，都不要太苛刻，以平和的心态欣赏，才会发现万物各有不同，缺点优点，构成了各自的美丽。

5. 停止无谓的抱怨

一男一女来找同一个朋友抱怨。

男的说："下辈子我一定要当个女人！女人什么事都不用做，只要会撒娇就行。每天锦衣玉食还有人供养，魅力够大，再强的男人都要对她俯首称臣！"

女的说："下辈子我一定要当个男人，男人什么事都可以做，开创事业，外出冒险，可以确定自己的价值，而且还能驱使世界上的女人！"

朋友苦笑着说："就算你们下辈子心愿得偿，你们仍然会觉得不满意，仍然会抱怨个没完。"

在生活中，我们总能听到别人的抱怨，自己有时也会忍不住抱怨，不管内容是什么，归结起来只有一句：我不满意。但是，当你不满意的时候，别人也正不满意，你期望得到的，正是别人不满意的。就算易地处之，也不过像故事中的男女，滋生许多新的不满意。因为，抱怨不是真的因为环境如何，而是一种心态。

抱怨大多来自对自己、对环境的错误估量。不论做什么，我们都会对结果有一个心理上的期待，一旦结果差得太远，我们的心理无法接受，就开始习惯性地找借口，证明没有达到预期结果，并非自己不努力、没有能力，而是因为时机不对、环境不对、合作者不对，等等。总之，千错万错，都不是自己的错。

抱怨还有个特点，就是有传染性。一个地方如果有一个人开始抱怨，其他人最初是厌烦，想离得远点。等他抱怨得多了，其他人也开始抱怨，因为其他人心中也有很多不满意。于是，你抱怨我，我抱怨你，抱怨成了一个强大的病原体，让所有人心情郁闷，不得不用几句怨言发泄出来。发泄之后，事情没有任何好转，只好继续发泄。于是，抱怨一再持续，终于成了人的习惯，再也戒不掉。

小李刚刚进入公司，她年轻热心，希望和每位同事都保持友好的关系。没多久，公司在全体员工中征集新产品的宣传企划，这种企划无法一个人完成，员工们三三两两组成小组，小李发现，早她一年进公司的小刘没有进入任何小组，就主动提出与她搭档。

小李这个决定刚做，她的直属上司就委婉地提醒："别人不这么做，一定有他们的道理，你应该多想想再决定。"小李毕竟经验尚浅，对上司的话根本没想那么多。

等到开始做企划，小李才明白为什么大家都不与小刘搭档。小刘这个人有一些想法，但她有点独断，还喜欢指手画脚，总是让小李一个人去落实每个步骤，小李忙不完请她帮忙，她就嫌小李动作慢。企划做了两星期，小李憋了一肚子气，小刘埋怨了小李两个星期还没完，等到企划落选，她又到处抱怨，说自己的想法很好，可惜小李这个搭档步调太慢，不能跟上她的速度，言下之意，问题都出在小李身上。

吃一堑长一智，小李决定，今后除非万不得已，决不跟小刘合作。而且，今后发现习惯抱怨的人，她也一定要躲得远远的！

团体中最让人讨厌的人，恐怕就是这种满口抱怨的人。他们不会检讨自己的失误，不会承担自己的责任，只会推脱，证明自己的清白。故事中的小李就遇到这么一个大小姐，不管她做了多少事，多么努力，那个没干什么的人依然带着挑剔的眼光，抱怨来抱怨去，最后小李算是明白了：这种人，理都别理才对，让她跟别人抱怨去吧!

喜欢抱怨的人，给人的第一感觉是什么？啰唆？不对，是无能。仔细想想，你见过哪个自信又有能力的人不断抱怨环境、抱怨他人？他们没有时间说抱怨的废话，而是忙着改造环境，改变他人。抱怨的人总觉得自己赤着脚走在路上，他们不断责骂脚下的路有多硬，有多扎人，却忘记他们最应该做的是去找一双鞋子保护双脚。

有慧心的人从不抱怨，他们明白抱怨于事无补。抱怨就像枷锁，把心灵牢牢锁住，再也走不到更远的地方。而且，每一句抱怨都像锁链，会让心灵越来越沉重，透不过气。在这种情况，智慧被锁住，无从施展，人们只会看到乌七八糟一团铁链。对自己而言，有这样的负担，谈何解脱？只能继续抱怨。

对于不满意的事，不妨以微笑待之，把抱怨的话消解在这一笑中。微笑就像一把钥匙，将心里的锁"咔嚓"一声打开，让阳光照进去，这时再看看自己抱怨的事，就会觉得不过是芝麻绿豆烂谷子，实在小得可以忽略。于是，微笑又像清风一样，把所有微尘吹得干干净净，心灵重新回归干净、轻松。

6. 别急着发脾气

一位富翁大摆筵席，庆祝自己五十大寿。席上，几个儿子纷纷捧上自己准备的礼物，这些礼物价值不菲，都是富翁平日喜欢的古玩、古画，一时间宾客们羡慕不已，富翁的虚荣心得到很大的满足。这时，小儿子不小心将一个花瓶碰碎了。

富翁是个急性子，又有点迷信，认为在生日时有东西碎掉太不吉利，不由一个箭步冲上去，打了小儿子一个耳光。小儿子原本想以一句"碎碎平安"掩饰过去，没想到父亲会当场大发雷霆，当即大哭起来。一场生日会顿时一团糟，客人们劝的劝，拉的拉，还有人忍不住悄悄地笑……

好好一场筵席，被突如其来的意外打断，其实以外人的眼光看，这点小问题简直称不上问题；就算当事人过后自己反过头回味，也会觉得小题大做，得不偿失。有些人易怒，愤怒不容易克制，看到一丁点不如意的小事，都会忍不住火冒三丈。结果呢？就像故事中所说的那样，事情办得糟糕，有人受到伤害，有人加以规劝，更多的人在旁边看笑话，总之，对发怒者本人没有半点好处。

但凡负面情绪，最根本的原因都是心底的不如意。普通人的不如意，不过是路上的一个小水洼，有时泥水溅在脚上，皱皱眉也就过去了。喜欢愤怒的人则不同，他们的水洼里全是汽油，一点就着，不但烧得自己面目全非，而且定要殃及旁人，让旁人跟着不好过。等到他们冷静下来，发现脾气发得狠了，话说得重了，再去道歉，但人家委屈也受了，气也生了，心里的裂痕，哪有那么容易弥补？

怒气伤身，发怒会使人血液中的毒素增加，导致皮肤问题，加速大脑衰老，还容易使甲状腺失调，胃也好肝也好心脏也好，都会受到影响，至于"气得肺炸"，更说明怒火会让肺换气过度，危害健康。克制怒气不只是为了人际关系的和谐，更是为了自己有一个健康的身体，悠闲的心态，才能保证生命的质量。

有位将军动不动就发脾气，甚至曾在朝堂之上顶撞过皇上。因为他劳苦功高，别人都让他三分，但他的仇敌越来越多，将军也渐渐感到压力。这一天，将军请恩师帮他提意见，想要改善自己的脾气。

一开始，将军的言语里还有些责怪自己的意思，到后来他越说越烦躁，最后说："我就这么个脾气，江山易改禀性难移，要我改？怎么改？"

恩师问："既然天生就有的东西，那拿出来给我看看，如果拿不出来，为什么改不了？"

将军听到这话有些生气，不客气地说："你们这些老学究都喜欢诡辩！"恩师说："我的话如果是诡辩，那将军的仇敌们对皇上说的，也许'诡'上数倍，到时将军该如何分辨、如何自处？人们说戒急用忍，不是委屈自己，而是为了周全，将军难道不明白这个道理？"

将军并非不明白"戒急用忍"的道理，正是因为明白，他才会请恩师帮忙。可是，脾气不是说改就能改，将军想得到的，是更加实用的建议。乱发脾气常常坏大事，给自己招惹不必要的麻烦。但火气上来的时候，常常不知道如何"熄火"，脾气毕竟是一种情绪，还是一种不易压制的激烈情绪。

克制怒气的方法并不难，在你想生气的时候，先攥紧拳头，倒数三秒。三秒过后，告诉自己："三秒都忍住了，再忍一下。"忍过三十秒、三分钟，这气也就消了一大半，至少不会以最剧烈的形式发出来。只有耐得住性子，才能保证你做出的判断是理智的，你决定的行为是妥帖的，若任由自己发脾气，得到的只有敌视和仇恨，所以，凡事能忍则忍。

忍耐是一种美德，但无条件无限制的忍耐却是一种懦弱，有时候甚至会憋坏自己，让心灵变得阴暗。有智慧的人知道什么时候需要发泄，如何发泄。在原则问题上，他们掷地有声；在重大失误面前，他们临阵不乱，对责任人严惩不贷；看到不公事件，他们讨伐指责，更知道及时帮助那些需要的人——怒气不是不可以发，但要保证这火烧得有根有据，更要知道范围，星火燎原虽然壮观，却可能是大灾，那些恰当的火光，才能保证自己的明亮，同时让人看到人性的闪光。

7. 恨与不恨，一念之间

有个壮汉要去京城办事，途经一个山谷，突然看到一个袋子似的东西挡在路边。壮汉没当一回事，踢了一脚，谁知那袋子非但没动，反而扩大了一倍。壮汉连忙踩了几脚，没想到袋子更大了。这下壮汉怒了，拿出随身带的刀左砍右砍，没想到根本砍不破那袋子，而那袋子却越来越大，最后把前边的路都给堵死了。

壮汉大怒，准备点火烧了袋子，这时走来一个人，对壮汉说："千万不要再碰那个袋子，那个袋子叫作'仇恨'，你不侵犯它，它就只有那么一点，你越是打它，它越是要和你作对，直到堵死你所有的路。"

"那我该怎么办？"壮汉问。

"你现在就别再理会它，赶快忘记它，远远地离开它吧！"

这个故事形象地说明了什么是"仇恨"。仇恨就是如此，你越是咬牙切齿地抽打，越觉得那鞭子打的不仅是仇人，更像在打自己，让自己筋疲力尽。但是，人们很难放下仇恨，谁又能真的对仇人微笑呢？那种"别人打了自己的左脸，也要把右脸伸过去"的理论，毕竟不是人人都能做到的。可是，不是所有仇恨都要上升到"报复"的层面，很多仇恨，只要你看得开，它就是小小的一个袋子，你不去看，甚至会忘记它。

很少有人没尝过仇恨的滋味，但仇恨产生的原因，却各有各的不同。有人因为利益与人结仇，有人因意见不合与人结仇，有人因一时口角与人结仇。其实，除了真的有人伤害自己，让自己蒙受心灵上巨大的损失外，仇恨并不是那么重要的事。因利益结仇的人，只要懂得退步，就可能因利益成为朋友；因意见不合结仇，只要懂得求同存异，就是听到了另一种声音；至于因口角结仇，那不是别人的问题，或者说，别人的问题是小问题，你的心胸狭窄才是主要原因：一时口角，到底有什么大不了？

当我们恨着一个人的时候，整天咬牙切齿，恨不得那个人不存在。但是，现实生活中，多数的仇恨并没有达到你死我活的地步，若真有这种仇恨，大约也要上升到法律程度了。活在仇恨中的人，会发现他会无时无刻地注视着仇人的一举一动，对仇人的一切了如指掌，也因为被仇恨蒙蔽着，幸福的道路早已被堵死，他只能靠着这仇恨活着。于是，仇恨一日日加深，不能解脱，他离生活越来越远，不能回头。

里约和卢瑟是一座海边小城里两个富有的商人，平日，他们仇视对方，因为有对方，他们的生意始终有个对手，不得不把辛苦运来的货物压低价格。而且因为对方的货物不断上新，自己也必须走到更远的地方，寻找更新鲜的东西，才能吸引顾客，这又在无形中增加了辛苦和成本。有一次，里约还曾当众嘲笑卢瑟，这件事一直让卢瑟耿耿于怀。

这天卢瑟在海边巡视自己的货船，他知道这个季节干燥，很容易发生火灾，仔细把几条船都检查了，才放下心准备回家。这时，他发现有几个生面孔登上了里约家最大的货船。不一会儿，货船冒了一小缕青烟，卢瑟这才想到，里约最近得罪了城里的流氓，大概是对方想要报复里约，找人来烧他的船。

"哼，活该，这下你等着倒霉吧。"卢瑟想。下一秒钟，他就觉得里约经营了十几年才有这么几条船，一把火烧光，一辈子的心血都没了，太可惜了，于是他当下大喊："救火啊！有人烧船！"并亲自去提水救火。幸好发现得早，那艘船的损失并不大。

里约没想到，卢瑟是个如此不计前嫌的人，他郑重地向卢瑟道歉，并决定今后和卢瑟合伙做生意。从此以后，两个人成了至交，买卖也越做越大。

仇家倒霉，普通人都会开心。但也有一种人，会在这个时候选择伸出援手。故事中的卢瑟就是这种以德报怨的人。也许有人会说这样的人是傻瓜，对于羞辱过自己的人怎么能轻易放过？可是，人要面对的羞辱何止一次？人要面对的竞争何止一份？总是想着要报复，不过是冤冤相报，没完没了，这样的生活又有什么意思？

以德报怨是一种智慧，它既代表对别人的宽容，也代表对自己的宽容。总是记着仇恨的人，心里没有"爱"的位置。他们的人生意义就在寻仇挑衅，而不是构建自我。仇恨太多我们很难幸福，例如，优秀的人每天都要面对流言，若一一仇恨，他靠什么继续优秀？不如一笑了之，继续自己的生活。

有句话说得好，化干戈为玉帛。人与人之间的仇恨就是干戈，不管放在心里，还是真的互相报复，都要伤筋动骨，大耗元气；但若能把仇恨看开一点，用心中的宽容与善良去消解仇恨，就会变为赏心悦目的玉帛，对自己不无助益。不妨对那些所谓的"仇人"好一些，也许你的微笑，最初会让他们防备，但当他们了解你的诚意后，就会从心底升起一份钦佩，钦佩你的气度，也钦佩你高明的智慧。

8. 做一个懂得幽默的人

男孩的父亲为人特别幽默远近闻名，他们家里虽穷，可整天都有欢声笑语。男孩从小很少流眼泪，因为父亲总会在他即将伤心的时候，抢先一步用幽默的语言开解他，让他立刻忘记不快。例如，男孩没进入好高中，和母亲两个愁眉苦脸地打算未来做什么，父亲就说："你未来做一块豆腐我就满意了！"男孩没好气地问："为什么要做豆腐？"父亲说："你看，硬的时候是豆腐干，软的时候是豆腐花，薄了是豆腐皮，磨没了就是豆浆，臭了就是臭豆腐，全才！"男孩和母亲都笑了，在笑声中，孩子突然觉得一次没考好不算什么，只要是个人才，走到哪里都能有用处，都能出人头地。

我们都曾有过这样的经历，特别倒霉的时候，心情沮丧到极点，这时候若有人在旁说一句笑话，哄得你开怀大笑，那失望情绪立刻就扫走一大半，再回想时，也觉得没有什么大不了。笑，就是有这样一种魔力，而幽默，就是笑容的最佳催化剂，不论是自我幽默还是他人善意的幽默，都能在关卡处点拨人：这件事不过如此，没什么大不了。

幽默，代表的是一个人征服忧愁的能力。一个笑口常开的人不但自己乐观，还能给别人带去欢乐与安慰，近日，一位禅师在山上遭遇一群猴子的"袭击"，无奈地说："悟空，我真的不是你师父。"无奈的语气与幽默的话语感染了很多人。也难怪人人都爱幽默大师，认为他们天生具有超凡的智慧，才能把大千世界变作笑语欢声的魔术台。

　　幽默，代表一个人的智慧，头脑死板的人很少幽默，只有那些脑子活泛的人才能锻炼自己的幽默细胞。一句有幽默的语言，有时胜过长篇大论的说教，被人长久铭记，只要想到，就会发出会心一笑，觉得心头轻松。千百年来，人们累积了不少幽默素材，例如我们熟悉的歇后语，历朝历代传下来的笑话，不论在哪个年代，幽默都是人们不可或缺的生活调剂品。

　　一次比赛结束了，只有10岁的东东又一次没有进入决赛，她是体育队里年纪最小的选手，大家都怕她想不开，琢磨着该怎么安慰她，只见她嘴一撇说："这个动作我在比赛前练习了几千次，竟然还失败了！"

　　大家以为她一定接下来会说出"我不做了"之类的丧气话，有几个人已经紧张地走上前准备劝劝她，没想到她话锋一转，咬牙切齿地说："下次一定要进决赛，不然我的几千次就白练了，太对不起它们了！"那一刻，教练和队友捧腹大笑。

　　人们为什么需要幽默？因为总有不开心的事情发生，让我们眼角是酸的，心头是苦的，眼泪是咸的。但我们理想的生活应该充满甜味，这个时候，幽默应运而生，它巧妙地缓解了理想与现实的对立，将不愉快的心境几个转折，豁然开朗。就像故事中的小女孩，一句话不但开解了自己，也让周围的人笑开了花，看来，幽默就是人的糖果，让人品尝生活的甜味。

　　每个人都应该培养自己的幽默能力，生活中，可以多听听他人讲的笑话，多看看那些有趣的综艺节目，一点一滴地记录使人发笑的因素，适当的时候不妨幽他一默，一定能让你给人留下更深刻的印象。还要记住，幽默也不是谁都能做到的，有些人不到火候，往往被当作耍贫嘴和抬杠，所以，幽默需要有度，也要看场合。

　　仔细想想，你有多久没有享受过大笑的滋味？也许你不能妙语连珠，至少你要有一点懂得幽默的情怀，不要把生活看得过于死板，了无生趣，以一份平和的心态看淡是非挫折，在这种健康心态之上，时时灵心点拨，娱人娱己，以畅快的笑容应对生活，以宽容的心灵接受他人的调侃，你会发现在苦难之上，余甘悠远，滋味醇浓。

9. 人生没有那么多伤春悲秋

两个人在山间散步，此时正是秋天，看着树叶一片片落下，一人伤感不已，念诵了不少悲秋的名句。正在唏嘘，突然听到有人用破锣嗓子大声地唱着山歌，内容喜气洋洋，此人悲秋的情绪立刻被破坏，他面色恼怒。

这时，见那唱歌的人牵着牛走了过来。他连忙问道："这么悲伤的景致，你怎么还有心情唱歌？"

"有什么可悲伤的？"那人莫名其妙地问，"庄稼收了，我高兴就唱了！"

"你为什么不看看这些落叶？"他说，"草木摇落，生命就这样消逝，再也回不来，你的生命也像这些落叶，就这样一年年一去不返……"

"还是你去那边的麦田走走吧！"那人不客气地打断他说，"麦子熟了，你就能吃饱饭了，这还不是高兴事？"说着牵着牛走远了。

"真是不可理喻！"此人骂道。

"我倒觉得那位小哥说得更有道理，荣枯有序，感怀那些逝去的，不如欣赏拥有的。"同游的另一人如是说。

有人天生喜欢伤感，特别是到了秋天，更是有了寄予情怀的理由。从古至今，悲秋的诗篇成千上万，但人们记下的并不多，反倒是刘禹锡那首"自古逢秋悲寂寥，我言秋日胜春朝。晴空一鹤排云上，便引诗情到碧霄"常常被人们吟咏，表达心中的情怀。

伤感也是一种普遍情绪，当人们的心理长期处于郁郁状态，看到周围的人与事，甚至不相干的风景，都会联想到自己的不幸，继而产生伤感心态，不论是花落了，还是雪化了，都能让他们看到自己的"命运"。每当对什么事有无能为力的感觉，伤春悲秋的情绪就更明显，好像全世界的天都是阴的，没有任何事物让人开心。

伤感和伤心还不太一样，伤心都有一个具体的原因，情绪有个明确的中心；伤感却根本没有原因，情绪飘来飘去，极不稳定，什么事都可能成为他伤心的由头。所以，伤感比伤心"危害"更大，伤心能找到原因，伤感纯粹是一种心态，这种心态与其说悲观，不如说是一种强迫症，即使有高兴的事，也要挖掘出值得伤心的一面，这样的人不幸福，怪不得别人。

《红楼梦》中，"秋爽斋偶结海棠社"是一个颇有趣味的回目，说的是在探春的提议下，大观园的姐姐妹妹们成立了一个诗社，吟诗作对，彰显才情。在这一回，林黛玉写的"碾冰为土玉为盆"被大家称赞"果然比别人又一样心肠"，不过，最后社主李纨却判定薛宝钗的诗为胜者，因为薛诗沉着有身份，林黛玉的诗虽好，到底太过伤情。

李纨的评判，透露着一种大众审美：一味悲伤到底并不是最好的，最好的艺术应该"哀而不伤"，在极致的情绪中又有某种节制和含蓄，才能达到最美。

并不是所有人都喜欢《红楼梦》中的林黛玉，在有些人看来，她太爱使小性子，太爱伤感，不管大事小情，都要联想到自己的身世，不但自己心里不好受，也让周围的人跟着伤心。开始的时候别人尚能体谅她，时间久了，都会觉得她太想不开，毕竟，她有吃有住，过的是千金小姐的日子，还有贾母的疼惜，贾宝玉的爱护，总是哭啊哭，未免太不知足。

有些人喜欢把悲伤当作习惯，动不动就长吁短叹，泪流满面，让人们觉得他多么不幸。等到人们关心地去询问，发现不过是些鸡毛蒜皮的小事，这样的人，难免被人说"矫情"。最重要的是，就算再伤感，花照样会落，燕子照样每年往南飞，流水照样一去不回，伤感不能改变任何事。还可能会因为伤感伤身，耽误正事，这不是没事找事？

　　每个人都有感性的一面，物伤其类也好，恻隐之心也罢，有点伤感情绪，好过那些只知冰冷冷的理性至上者。但总是伤感的人却不聪明，人世的烦恼本来就多，你想要解决还没时间，哪里有那么多时间给自己找烦恼？生命想要有质量，就要把感性和理性有机结合，不要总在不合时宜的时候伤感，更不能因此耽误自己的心情。

　　人生没有那么多春花秋月，更多时候我们看到的是晓风残月。有慧心的人会在这些景致中体会自然深奥的规律，思索人生的道理。的确，人生有时就像落花，好在明年还会再开，虽然看上去不是那一朵，总是同一棵树；人生有时就像明月，盈缺有时，好在不会总是残缺，总有圆满的一天。行到水穷处，总能坐看云起，自然如此，生活如此，这难道不值得你微笑？

10. 多一些善意的肯定

　　有一座书院，书院里的徒弟个个脾气暴躁，每天晨钟响过，徒弟们开始种地、打扫院子，这时就会经常听到他们互相指责埋怨，甚至吵架吵到先生面前。先生便对祭酒（古代的校长）祈求："我甚愚钝，请告诉我个让书院祥和的方法。"

有一天，祭酒建议先生带着所有弟子，去百里外的另一座书院走走。

先生依照指示，带着弟子们一起拜访百里外的书院。到的时候正是日落时分，书院的弟子都在忙碌，只见一个小徒弟愁眉苦脸地扫着地上的落叶，两个师兄走过他身边，和蔼地对他说："今天扫得真干净！"又一瞥眼，看到一个老徒弟正在夸奖自己的弟子今日又有进步。走向大殿，一路上都感觉到人与人的友好，客气的赞美。先生和学子们恍然大悟，原来，只要用彼此赞美代替彼此诘责，人们的关系自然就会改善。

赞美，能够极大地改善人们的关系。这不难理解，试想在生活中，如果你所在的环境，总是有人真诚地夸奖你，你会不会心情更好？更乐意投入其中？相反，如果你身边的每一个人都在不断地斥责你，你是否想逃离这个环境，离他们越远越好，最好再也见不到？

需要赞美是不是虚荣心作祟？也许有一点点虚荣成分，但更多的是自信的需要。其实即使看上去十分自信的人，内心也有怀疑自己的一面，他们听到赞美声，就算装作不在意，心头也是甜滋滋的。有时候，你注意到别人的内秀，赞美一句，甚至能让对方欣喜若狂，以你为知己。好话不嫌多，只要不肉麻，多说几句绝对错不了。

就算是你自己，也常常需要在别人的赞美声中，寻找自己的意义。做了一件事，别人都在夸，远远好过无人理睬。但要记住，有时候赞美是一种礼貌，有时候甚至是一种夸大，你可以在赞美中寻找自信，但不可把别人的赞美当成事实，最好不要总是放在心里，这样你才能始终知道自己的斤两，不会因旁人的称赞飘飘然，忘了自己是谁。

一位富翁最喜欢吃鸭子，他专门聘请了一位擅长烤鸭子的厨师，这个厨师的手艺太棒了，鸭肉丰腴爽滑，不肥不腻，他每天吃得都很开心。可是，三个月后，厨师提出辞职，这让富翁大惑不解，他问："你是不是对薪水不满意？据我了解，在家庭厨师中，你的薪水已经很高了，难道你找到了薪水更高的工作？"

厨师摇摇头，回答说："从前我在一户人家，雇主也喜欢吃鸭子，每次吃完，都会对我说'你的手艺真是一流！''怎么会烤出这么美妙的味道！'让我每天都很有成就感。现在，您却从来没有一句正面评价，就算再高的薪水又有什么用呢？还不如找一个懂得夸奖的雇主，至少我每天都觉得自己的工作很有意义。"

如果一份工作仅仅为了薪水，那么可以不必费那么多气力。就像故事中的厨师，他在乎的不仅仅是薪水，还有雇主的满意与赞美，每个人都需要赞美，赞美代表的是肯定、是成就，否则他永远不知道自己做的到底好还是不好，是不是需要改进。多数人希望得到赞美，也希望听到意见，如果在赞美中夹着诚恳的提议，更加两全其美。人们最受不了的就是只有批评，吹毛求疵，或者干脆看都不看一眼，置之不理。

赞美人需要智慧和技巧，太过直白，听上去像是拍马屁；太过隐晦，别人未必能领会。最好的赞美是不对本人说，对旁人说。不要担心那个当事人听不到你的夸奖，这种事他本人早晚会知道，心里只会更高兴。如果需要当面与人说，记得一定要真诚，不要夸张。

还有一种人非常需要你去赞美，就是那些看上去自信严重不足的人。他们认为自己做什么都做不好，这个时候，即使他们真的做不好，你也要尽量寻找他们的优点，并告诉他们。例如一个同学长跑永远都是最后一名，你完全可以对他说："我佩服你，每次都那么认真地跑到最后，从来不放弃。"——你大概不能想象这句话对那个人是怎样一种鼓励。

光阴倥偬，对生命，应该有这样的觉悟：笑容要比泪水多，坚持要比放弃多，朋友要比敌人多，情谊要比苦难多。生活的本质是苦的，智慧的本质却是甜的，给生活和他人一个微笑，一份赞美，一份宽容的心态，就能每天拥有一份好心情。

第三辑
这世界需要你的善意相待

我们每天与无数人擦肩而过,只与少数人朝夕相对。

人与人的情缘无法强求,人与人的相处却是可以改变的。

当你感叹人心冷漠,可以先想想自己是否也用如此冷漠的态度对待了他人;当你在抱怨家人不理解自己的时候,

不妨先想想自己是否给予他们了解自己的机会。

别在心上建起高墙,阻隔了你与这世界的温暖互通。

1. 用温暖的眼看世界

人们常说世态炎凉，人与人之间，人与事之间有无数的是是非非。特别是人和人的相处，亲人也好，同事也好，上下级也好，永远纷乱如麻，很难做到坦诚相待。有时候人们会检讨自己的性格是否出了错，可老实点，别人就会轻视你；厉害点，人们又惧怕你。怎样做都不那么恰当，怎样做都会有人不时来一句不冷不热的点评，在你心头划上一刀。

于是，人们总是感叹人心的冷漠，但是，你自己不以温暖的眼光看待他人，他人如何温暖你？为什么有人总能受到欢迎？因为他们总是以一颗怡然自得的心对待他人，包括那些戏弄他的人。这样的人就像一个巨大的磁场，他们的宽容、温暖，让人们不自觉地被吸引，聚集在他周围，相信他的为人，习惯听从他的话。如果人的心灵是温暖的，他就能以最善意的目光看待别人，关心别人，这样的人，如何不受人喜爱？

与人相处，应该以什么样的心情？有个成语叫"如沐春风"，形容一个人在和人相处的时候，使对方感到像春风一样温和宜人。有些人对世界充满戒备，和人相处的时候，想要揣摩别人有何企图，屡次三番地试探，等对方通过了"重重考验"，才能稍稍放心，交付一点真心。这时候，对方早已疲惫不堪，没兴趣与你继续交往。防人之心不可无是没错，但如果处处戒备，搞得草木皆兵，别人一接近你就像靠近冰天雪地，不禁打寒战，小心翼翼，未免扫兴。

还有些时候，你好心好意地对待别人，得到的却是防备、不理解，甚至漠视、辜负，这个时候也不必太过失望。就像春风吹拂大地的时候，河流里的冰凌肯定不会高兴，但却不能打消其他人对你的好感。人与人之间的温暖是相互的，当付出未必就有收获的时候，更需要你有一颗虔诚的善心。有功利性的善良并不那么真挚，不求回报的付出才更彰显品德的高尚。

郊外的一所农舍里，有位年近七十的老大爷，他最喜欢做的事就是养花。有一次，老大爷的儿子给老大爷寻找到好品种的菊花种子，第二年秋天，老大爷的花园里开满美丽的菊花，香味一直飘到村头。老大爷经常在花间漫步，有时喝上一杯酒，很有"采菊东篱下，悠然见南山"的感觉。

村里的人看了心生羡慕，都来向老大爷讨要菊花，想要移植到自己家中。老大爷很慷慨，只要有人来要，必然挖出开得最好的送给那人。没过多久，一花园的菊花送得干干净净。老人的院子里只剩下一堆土，但他仍然每天散步喝酒，毫不介怀，村里人看了都称赞他。

老大爷的儿子回来看老大爷，只见花园里没有一朵花，他奇怪地问："怎么，我送你的菊花种子不能开花？"老大爷说："怎么不能开花，你难道没看到，村子里每家每户都有你送的菊花。"儿子仔细一看，果然，每家每户都飘着清雅的菊花香气。

赠人玫瑰，手留余香。人与人的关系就像故事中的一朵菊花，送出去的时候，是小小的一朵，有的时候甚至觉得自己少了不少东西。但过不了多久，就会发现所到之处，都是这菊花的香气，不觉惊讶自己一个小小的举动会有这么大的影响。人们常形容那些内心温暖的人有"人情味"，人情究竟是什么味道？大概就是那满村飘着的芬芳吧。

独乐乐不如众乐乐，有了好东西，让更多的人分享不但是一种乐趣，也是一种智慧。懂得为他人着想的人，永远不会被他人孤立，在他们的生活中，有亲朋好友围绕；在事业上，有志同道合的人一同进步；在学问上，有良师益友切磋指点……他们身上的那种温暖感，让人能够真心付出，安心依靠。而有了他人的信任，他们也能放下心防，依靠他人。

在有些人看来，人与人之间只有尔虞我诈，一不小心就会被骗、被算计，这样的人其实并不聪明。任何一个人都有利己的一面，但那不代表他们一定要去害别人，要相信真情、道德、善意都不是摆设。比起步步为营，多数人还是希望自己生活在一个正面情绪的磁场中，享受温情与关怀。人与人的感情可以很复杂，也可以很纯粹，只要你的心懂得关心别人，体谅别人，它就永远有吸引他人的温度。

2. 以爱和尊重的名义经营婚姻

一个女孩即将步入婚姻的殿堂，但她却有些不自信，她跑去问自己的老师："老师，结婚后，我应该怎样对待爱情呢？人们都说，婚姻是爱情的坟墓，我要怎么做，才能让爱情更长久？"

老师没有答话，只是抓起一把沙子，那沙子在老师的手掌上，没有一点散落。这时，老师紧紧握住手掌，只见那沙子从指缝里漏了下来，老师再打开手掌时，原来满满的沙子已剩不到十分之一，而且被挤作一团。

女孩明白了，婚姻中的爱情就像老师手中的沙，越是放松，它越会持久，若是抓得太紧，它就会以最快的速度消失，变得干干巴巴，再也没有当初的模样。

钱锺书先生在小说《围城》中说："婚姻就像围城，城外的人想进去，城里的人想出去。"婚姻的确有很多让人无奈的地方，男大当婚女大当嫁，在步入婚姻的时候，感受幸福的同时，都会有隐隐约约的担忧。婚姻是两个人长时期的磨合与相处，尽管有了一定的了解，但是那么长的岁月，真的能保持一贯的爱情？这位老师是智者，他的比喻形象而贴切：夫妻的相处，一定要给彼此足够的空间，否则不能长久，就算长久也会变质。

信任是两个人相处的基础，如果没有信任，谁也不放心让谁自由。如果能够彼此坦诚，那么不需要过问对方的太多事，让对方觉得自己被信任，更愿意主动将事情告诉你。这样做，两个人对彼此的了解比那些钩心斗角，总是偷偷翻对方短信的夫妻更全面，而且关系也更亲密。总是盘查对方，只会让对方觉得烦躁，适当的放开，会让对方觉得自己仍然是个自由的人，婚姻并不是束缚，而是归依和包容。两个人的空间会不会造成距离，距离没什么不好，适当的距离只会产生美。

结婚后，有些人觉得自己被对方"管住"了，不论做什么都需要由对方同意，甚至连穿一件衣服都需要对方先过目，这种"严防死守"一开始的时候，还会被认为是"在乎"，日子久了，就被认为是一种不尊重。是啊，说着爱与宽容，但连自己的喜好都不尊重，一味地让一个人按照另一个人的意思办，无形中增加了两个人的隔阂，有一天矛盾激化，这些小事都会被提出来，吵得天翻地覆。不如平时给对方一点自由，尊重各自的喜好。当然，既然两个人要一起生活，互相谦让也是必要的，谁也不能太过任性。具体的分寸，需要慢慢磨合。

孙先生总是抱怨自己的妻子缺乏一个好妻子的自觉，自己每天工作劳累，回到家却看不到妻子的几个笑脸，多数时候夫妻都在争吵中度过。有一天，孙先生的好友朴先生去他家里做客，孙太太正在修剪花园里的草坪，孙先生说："三年前搬进来的时候，你就喜欢修剪那个草坪，依我看你都是白费力气，那草坪的造型根本没有进步。"孙太太脸色一沉，看着有客人在，她没有说什么，扔下剪刀去厨房做饭。

朴先生对孙先生说："以前总听你抱怨，我以为真的是你夫人有什么问题，现在看来，其实问题出在你身上。"孙先生奇怪地问："出在我身上？我有什么问题？"朴先生说："你的太太既然喜欢修剪草坪，你为什么一定要说让她丧气的话？"孙先生说："我不过是在说实话，那草坪本来就不好看。"

"可是，"朴先生说："你的太太又不是专业的修剪工，哪里有本事把草坪修得太好看？如果这件事发生在我家，我一定会夸奖我太太勤劳又有想法，而且还会抽出时间跟她一起修剪。婚姻要靠两个人互相维持，你的付出不到位，又怎么能抱怨别人？"

现代人都渴望激情，总想追求浪漫，即使结了婚，也希望自己不要陷入柴米油盐之中。但是，多数夫妻却总是在吵架，他们不懂为什么婚前温柔细致的另一半，婚后却变得如此庸俗，他们也不去想自己变没变，自己做了什么。就像故事中的孙先生，他完全是自作自受。孙太太明明是个很有情调的女人，在他的挑剔之下也变成了黄脸婆。

想要维持婚姻中的爱情，体贴与赞美是必不可少的作料。爱上对方，是因为对方很多的优点，不要因为离对方近了，就把那些优点视若无物，要时常称赞对方，让对方感觉到你爱慕的目光，他心中的激情自然也就不会消退。还要接受对方的缺点，人无完人，作为最亲密的人，你必须学会包容和忍让，否则你们如何相处？

夫妻关系就像左手与右手，虽然平淡，但是不能分离。所以人们都说，夫妻"床头打架床尾和"。不过，小吵怡情，大吵伤身，如果真的闹了矛盾，还是多想想如何体谅对方，毕竟，左手打右手，疼的是两只手，自己也不好受。这个时候不如用左手摸一下右手，这种温柔和温暖才是婚姻的本质。

3. 最不能等待的事

有个女孩来到佛寺，在佛前上了一炷香，呆呆地跪了一个多小时。这样的情况持续了一个月。同来寺院的人听闻，对女孩说："你心地虔诚，定能如愿。"

女孩苦笑说："我并不是虔诚。我是愧疚。上个月，我的母亲去世了，我的母亲从小对我尽心尽力，什么都为我着想，可是我长大后，在大城市工作，一年也不回一次家，她打电话来，我有时候嫌烦，甚至会假装没听到电话铃。可是，她常常来这里为我烧香祈福。现在她不在了，换我为她祈福，可是这有什么用呢？我再也看不到她了！"

也许，故事中的女孩不是不孝顺，而是太习惯父母的关爱，把那些关心视为理所当然，忘记了回报也很重要。常言道，血浓于水，亲情是世界上最无私的感情，父母给了我们生命，不论是养育之恩，还是培育之恩，都应该长久地记在心里。中国自古就讲究孝顺，提倡孝道，不孝是一种大不敬的行为，也是一个人道德上的污点。与人交往，人们习惯看他是否孝顺父母，如果连生身之人都不顾惜，人们就会对他的人品产生质疑。

父母给我们最大的感觉是"放心"。对我们，他们从小看到大，了解我们每一个优点和缺点，甚至连那些我们着意隐瞒的东西，他们也一清二楚。正因如此，他们更能了解我们在想什么，也更知道我们适合什么。我们不论对他们说什么，都不用担心被欺骗、被嘲笑，这就让我们的心灵永远有一个依靠，有父母在，我们随时都能在脆弱的时候，当一次小孩子。世界上不会再有第三个人，给你如此温暖的感觉，所以，对待父母，我们也要有同样的心情。

很少有孩子对父母没有内疚感，因为孩子们的世界太大了，父母只是很小的一部分，而且早就抛在了身后。其实父母要的东西也不多，离得远的，平时多惦记多通话；离得近的，定期在家里吃吃饭聊聊天，让劳累一生的父母，晚年能够享受天伦之乐，这就是孝顺。子欲养而亲不待，上了年纪的人，身体不知会出现什么情况，不要等到失去的那天再去追悔。

小初最近刚刚失业，她每天挤进人才市场，一家公司一家公司地询问。在网上一份一份地投递简历。可是，小初学历有限，工作经验也有限，提出的薪水又有点高，很少有公司对她感兴趣，她也只能继续为找工作忙碌。

和小初一起住的朋友小丽最近也失业了，她却一点也不着急，因为父母有钱又疼爱她，每个月都会给她数量不小的零花钱，她就算失业一年半载也没有生计之忧。而且，小丽的父亲最近在家乡的某家国企为小丽找到一个职位，小丽却觉得离了父母自在，不太想回去，每天和小初商量这件事。

看到小丽的生活，小初不禁在心里埋怨：为什么自己的父母没有这样的本事？不然自己也能像小丽一样，每天想睡多久睡多久，根本不用为生计烦恼。

这个故事中，两个女孩都不太懂事。小丽显然是被父母宠坏的娇娇女，根本不知道考虑别人的心情，她的烦恼，对一个找不到工作的人来说，无疑是一种炫耀。不过，小初的问题其实更严重，找不到工作，她不后悔自己没有好好读书，不检讨自己没有选对适合的行业，不赶快想办法提高能力以适应竞争，竟然开始埋怨父母。

父母是不能选择的，就算父母不能给自己提供最好的条件，至少他们给了你生命，给了你生活的环境，给了你关怀和爱。总是盯着别人的父母，觉得别人的父母更富有、更温柔、更有素质，但那父母再好也不是你的，他们只会把自己的金钱和感情留给自己的子女，羡慕有什么用？有那个时间，不如早作努力，改善自己此时的条件，至少，你将来的子女不会来跟你抱怨："爸爸妈妈你们怎么这么穷？你们看××家！"

要体谅父母的辛苦，父母都会尽心尽力为儿女考虑，但他们的能力毕竟有限，不能满足你所有的要求。对待父母，儿女不应该太苛刻，父母不是你的提款机，不是你的百宝箱，有些父母就算把一切搭在儿女身上，也未必能为儿女做多少事。何况人一旦长大，就要知道"反哺"，父母操劳一辈子，你也该为他们努力，让他们能够安享晚年。

此外，有慧心的人，会汲取父母身上的智慧。小的时候，我们在父母的教育中形成了基本的人生观。随着年龄增长，我们有了自己的眼光，开始自学成才，有时候甚至叫嚷着"代沟"，觉得父母是老古董，恨不得父母不要对自己的行为指摘一句。的确，老一代和新一代在思想上没有太多共鸣，但在人情世故和人生把握上，他们的经验足以让你避开诸多风险，让你更加顺利。多和老人谈话，遇事找老人商量，他们考虑事情常常更全面、更细致，拓宽你的思路，给你有益的提点。最重要的一点是，父母是这世界上最希望你幸福的人，他们永远不会骗你，永远会站在你的立场考虑问题，给你最贴心的意见。

4. 不忘师恩

教师是一个神圣的职业，教书育人，无私地为学生打算，却不求回报。教师教给学生的不仅仅是某一门学科、某个层次的知识，还有他们做人处世的智慧。言传身教，影响着学生对人对事的认识。所以才有禅师说，教师的教诲，不啻清音于耳。学生们倘若用心听懂老师的每一句话，即便当时不懂，长大后想起来，也会有恍然大悟之感。

不过，教师也是个寂寞的职业。都说一个老师桃李满天下，但这桃李的果香他们享受不到。学生们一批批进入校门，一批批走出校门，最初还知道回来看望老师。后来适应了新的环境，很少再能想起旧日的老师，即使想到，也不过是在心里怀念，不会付诸行动。难得的是，老师们不会与学生计较，新一批的学生到来，他们依然尽心尽责——他们是无私的。

一个人从进入幼儿园到进入社会，不知要接触多少位老师，有些不过记得名字，有些关系较好，对自己帮助更多。人们记得的自然是后者，这也是人之常情。对所有教导过自己的老师，都要有一份感激的心态，礼貌的态度。对那些对自己更加细心，影响更大的老师，应该当作长辈一样对待，哪怕只是偶尔打电话问候一下，也能让他们开怀不已。

女生宿舍刚关灯，睡不着的女孩子们开始闲聊，说到班上的一位任课老师。于是，闲聊成了诉苦大会。这个说某老师没收了自己的手机；那个说某老师在全班同学面前批评自己，丝毫不留情面；还有人说因为某老师一个电话，害得她被父亲骂了一顿，还被扣了零花钱……说着说着，就开始评论老师的长相、婚姻、性格，因为心中有"积怨"，说的话也很不客气。

几年后，女孩子们早就告别高中，经过大学，在找工作时又都回到了家乡，相约聚一聚。饭桌上不知是谁谈起了当年的"某老师"，她们突然感慨，上了大学后，再也没有老师对他们这么关心，每次考试前临时抱佛脚的时候，总会想起某老师平日对她们的"压迫"，让她们从来不惧怕考试，还有对她们无微不至的"批评"。吃完饭，她们决定带上礼物回自己的高中，看望这位尽职尽责的老师。

常听执教的老师说，现在的学生越来越难教。有人说报纸上报道哪个老师欺负学生，他们会苦着脸说："哪里是老师欺负学生，分明是学生为难老师。"之所以会有这种对待老师的态度，是因为学生觉得老师总要管教他们，总做一些他们反感的事，但是，如果一味地由着他们的性子，他们会长成什么样？于是负责任的老师都会选择当个"坏人"，对学生们的议论假装听不到，学生们往往也要在多年之后，才会发现老师的苦心。

不管你是正在读书，还是已经告别学校，或者已经在教育孩子。一定要懂得教师的不易。世界没有那么完美，并不是每个老师都会无条件地爱自己的学生，爱学生的老师也会有自己的缺点。而所有老师都无法做到一视同仁，总会特别照顾几个学生，忽略一些学生。在成长阶段，也许你也曾因老师的"冷落"心生怨怼，长大后仍然念念不忘。

人与人的相处都是一种缘分，学生与老师也是如此。有些老师和某些学生关系格外好，对他们格外照顾，这就是缘分深；而对某些学生，只是恪守师长的职责，教导知识，这就是缘分浅。就算缘分浅，至少也有传授之恩，何必对他们心存不满？有了成绩，不妨告诉老师，他们一定会真心为你高兴，逢人便夸你"有出息"。就算你觉得自己"没出息"，也应该多多和老师们联系，要知道他们并不在乎你是否有地位、有金钱，在他们简单的心底里，知道自己的学生平安快乐，就是一份满足。

5. 父与子要平等

波波刚放学，在校门口就看到了面带微笑的妈妈。妈妈接过她的书包，让她上了自行车，妈妈要带她去少年宫学习钢琴。一周七天，有四天晚上有课，周六周日还有额外的大课。这样的日子，已经过了两年。

波波觉得很累，但父母说，为了她的将来，她必须学。不管波波如何反对，都会被送进学习班。波波恨死了她学的这些东西，她每天都羡慕那些可以在放学后自由玩耍，周六周日去游乐园的孩子。

转眼过了十年，波波即将参加高考。自从上了高二，为了高考成绩，她不必再去那些补习班。学了这么多年，也拿了几个证，但波波觉得她对这些东西没有任何兴趣，如果可能，她连看都不想看到。在志愿表上，她选了一个离家很远的城市，这样才能保证大学后，她能做些自己想做的事，而不是被父母塞进哪个学习班。

父母教育孩子，花费了不少心力，有时结果却是揠苗助长，让孩子失去了探索的乐趣和学习的乐趣。家长总是说"为孩子好"，但他们的孩子大多没有因为他们的逼迫变得更好，只是少了很多童年回忆。教育专家一再呼吁不要束缚子女的发展，要尊重他们的天性，让他们从小就学会选择，学会维持自己的喜好，学会如何学习。

父母都相信亲情是温暖的，都希望自己是孩子一生的依靠，也都会竭尽所能，让孩子的未来更好一些，让孩子能够有更好的学习、生活条件。

但是，很多时候他们给予的爱不是春天般滋长万物的温暖，而是让人气闷的夏天或扼杀性情的冬天，这份爱给孩子带来的不是依赖感，而是厌倦、排斥，甚至恐惧。

为什么人们都喜欢春天？因为春天既不冷也不热，一切都刚刚好。家长给孩子的爱也应该遵循这个规律。不必把孩子的一切都管起来，让孩子找不到存在感；也不要用过于严厉的"家法"要求一个小孩，让他噤若寒蝉。家长的作用应该是孩子成长道路上的陪伴者、监督者，不必给他把每一步怎么走都安排好，让他完全失去自我，也完全失去自主发展的权利。

巍巍今年17岁，他在学校里是个很受欢迎的男生，学习不错，篮球打得也好。可是最近，他遇到了一个大麻烦。巍巍所在的学校因为城市规划原因，暂时迁了校址，在远离市区的郊外。学生们立刻从走读生变成了住校生，很多人不习惯。

巍巍是最不习惯的那个，在家里，妈妈会为他做一切事，包括洗袜子、叠被子这类小事，就连每天的书包文具袋也是妈妈整理，所有作业都是妈妈放好。一离开妈妈，巍巍根本不知道该怎么生活，足足过了半年，才在别人嘲笑的目光中学会了自理。

其实，巍巍早就对妈妈有所不满，妈妈什么都爱管，不论他要做什么，妈妈都要问个没完，就连去同学家参加个生日会，妈妈都要把电话打到对方家里确认，搞得巍巍很没面子，回家跟妈妈大吵。巍巍也和妈妈谈过几次，但妈妈认为，她是在关心自己的儿子，什么都没做错，然后责备巍巍太不听话，"不听老人言吃亏在眼前"。

亲子之间，代沟很难避免。孩子喜欢的东西，可能恰恰是父母不能理解，甚至极力反对的。民主的父母不是没有，但不多。更多父母习惯了一种"权威地位"，认为儿女是自己的，要怎么对待都是自己的喜好，孩子不能反抗，只能接受，这才算"听话"。但这种专制也可能扭曲孩子的心性，抑制孩子的发展，让他变成一个什么都依靠父母的米虫，或者敌视父母，想要早日挣脱父母的"束缚",这无疑会伤害亲子间的感情。

满足孩子的每一个要求,初衷是想让他们体会到父母的关怀,结果往往不理想,孩子会被惯得自私浅薄,一旦你不能满足他,他就会咄咄逼人,甚至怪罪你。这样的孩子常常让父母觉得寒心,但是,孩子是你自己教育出来的,你没打好基础,难道还指望他小小年纪"自学成才"?自己学成一个懂分寸的孝子?

还有一些父母,过分强调孩子的学习,只要学习好就行,其他什么都可以不管。于是,造成了孩子分数虽高,但心理出现严重偏差,不是极度自负就是深度自卑,有些生活不能自理,有些根本不懂和人相处的方法,有些缺乏道德观念。更可怕的是,在孩子的教育期,成绩似乎是一道"免死金牌",连学校的有些老师都会纵容成绩好的学生,这无形中让他们的自我感觉更加良好,也更加不知天高地厚。

父母与孩子的相处,也要有个分寸。应该让孩子学着管理自己,而不是把他们管起来。为他们打算固然重要,但更重要的是培养他们自己的能力,不论教导他们勤奋学习,培养核心能力;还是鼓励他们多多与人接触,从小训练交际能力;或者纠正日常生活中的不良习惯,让他们有一个高质量的人生,这些才是父母最应该做的。让他们把你当作亲人,当作益友,什么事都愿意跟你商量,听你的意见,又有自己的主见,会自己拿主意,这样的孩子往往是最优秀的——培养出这样的孩子,正是父母的智慧所在。

6. 如水清淡为君子之交

友情，是每个人人生中不可缺少的重要部分。常听人说，人生得一知己足矣，可见朋友的重要性。漫漫长路，有了友情的陪伴，心总是温暖的，感觉自己不再孤独。但友谊也有它现实甚至残酷的一面，多数人都发现，再好的朋友，距离近了，也会产生各种各样的问题。而在双方的求全责备之下，问题很可能成为矛盾。

古人说，君子之交淡如水。说的就是朋友之间的交往不宜太密、太腻，而是在知己的基础上，保持恰当的欣赏距离，尊重彼此的个性和空间，这样才能保证友谊的纯粹。要知道，水虽然是最清淡的，但也是最适合、最不会让我们腻烦的东西。而且，友谊也需要细水长流似的互相了解。有些人看到对方觉得顺眼，立刻称兄道弟，这种人却最容易因一件事不称意，立刻宣布断交。友谊既需要纯净，又需要时间和了解，不然如何"朋友一生一起走"？

想要一段友谊长久，也要有"春天意识"，要动一点脑筋。不要想当然地认为朋友如何如何，例如有些人很温和，就以为他脾气软，没准他很倔。对刚刚认识的朋友，更不要轻易下结论，要经过长时间的观察，摸清他的个性，知道他喜欢什么，讨厌什么。你不需要刻意迎合他，但至少不要触犯他的原则。何况让自己的朋友开心一些又有什么不对？有首歌不是说，"对待朋友像春天般温暖"？当然，温暖归温暖，也不能忘记朋友的职责。

驴子和脖子上的铃铛成了好朋友，每当驴子走路的时候，铃铛就发出悦耳的声音，安慰驴子的劳累，驴子认为铃铛是世界上最好的朋友，铃铛也总是想为驴子尽心尽力。

这一天，驴子路过一户人家的花园，发现花园里的青菜看上去新鲜美味，它偷偷将头探进去，想去偷吃菜叶，没想到，铃铛突然大声叫了起来。花园的主人听到声音，赶来用皮鞭将驴子抽了一顿，驴子灰溜溜地跑了。

回到家，驴子气急败坏地抱怨道："我们是好朋友，你怎么能这样害我？"铃铛说："就是因为我们关系好，我才不能看着你做错事！如果这次不提醒你，你今后还会这么做，难道你想当一个小偷吗？"

什么样的朋友能称得上真正的朋友？那个跟着你吃喝玩乐的人，不过是酒肉朋友，等你真的出了事，他们很少会顾虑你，只会躲得远远的。真正的朋友讲究"患难之交"，在你出事的时候，他绝对不会抛下你。不过，也不是人人都有机会患难，看朋友究竟值不值得交，最主要是看他日常如何对待你。真正的朋友就像故事里的铃铛，看到朋友有错，不会假装没看见，他们一定会大声提醒，有时候他们的提醒方式不是那么可爱，甚至让你觉得没面子。

忠言逆耳利于行。朋友和你相处久了，对你身上的缺点自然了若指掌，他们提醒你，是为了让你更好，有时候他们的声音很刺耳，甚至伤你的自尊。但究其原因，他们怕你吃亏，怕你因为某个缺点导致失败，他们会批评你，皆因一片拳拳之心。而那些普通朋友，看到你的缺点，他们也会出于礼貌视而不见，因为他们不想得罪你，不想影响你们的关系——你说，是谁把你放在更重要的位置？对你的用心可谓高低立现。

交朋友也需要智慧，好的朋友是你一生的良伴，多与那些有智慧、有能力的人做朋友，不知不觉，你会学会他们的某些好习惯，向他们靠拢。对朋友，最重要的就是真诚，例如当他有错误的时候，你可以委婉提醒，绝大多数的人都会明白你的好意，更加尊重喜欢你。

还有，对友谊的要求不要那么高，你的朋友就算再优秀，也还是个普通人，他不可能时时刻刻知道你心里想什么；你的朋友就算关心你，也有自己的生活，不可能时时刻刻在你身边。想想你能为朋友做的事，毕竟是有限的，也就不会事事要求别人。好朋友最重要的，还是那一份心灵的契合，当你有一种感触不便与任何人说起，但却不自觉地按下某个人的电话，想约他出来喝一杯时，那个人一定就是你重要的朋友。

7.
格子间里的情谊

清清跳槽进入一家外企，自认为不论是薪水还是环境，都向上跃了一个台阶。可等她进入公司，才发现大公司有大公司的考验。任务重、竞争激烈就算了，因为一个办公室员工多，同事间的摩擦不时发生，让她觉得身心疲惫。

有个叫小张的同事，和清清同是业务员，经常和她争业务、起冲突，两个人每日都如仇人见面，分外眼红。清清是公司的新员工，不敢过分说老员工小张的不是，只能在心里咒骂。有一天，清清在卫生间补妆，突然听到有人边打电话边走过门外，声音正是小张，谈话间还夹着她的名字。清清不忿，心想小张一定是在说她的坏话。

仔细一听，小张是在和经理汇报工作。清清心里更紧张，她知道小张和经理关系不错，如果小张对经理说自己几句，经理对她肯定没好印象。正在思忖怎么对付，就听小张说："我忙手头这个忙不过来，现在这些人，就清清的能力强，能接这个任务，您可以考虑一下。"小张说的任务，是最近公司接到的大单子，真没想到小张竟然向经理推荐自己！想起平日自己对小张的不礼貌，清清惭愧极了。

同事间不好相处，因为大家在一个办公室，做着同样的工作，可能是竞争对手，也可能有直接的利益冲突。在利益的前提下，同事说的话当然不尽可信，同事做的事难免十分可疑，甚至互相拆台之类的事也时有发生。但是在同一个屋檐下，抬头不见低头见，闹到不可开交，丢的是两个人的脸；如果能够欣赏彼此的优点，在竞争之余互相帮助，同事就会成为你成功路上的阶梯。

公私分明的心态很重要。工作上，大家可以争论，可以有矛盾，但在私下里，不要看到对方就板起脸，更不要背地里指责对方，明嘲暗讽。世界上没有不透风的墙，对方早晚会知道，到时候你们的关系更加无法弥补。还有些人交情好，总想让朋友给予公事上的方便，这也是公私不分的一种。朋友有他的职权，却也有他的工作操守，给你行方便，他也许会受到非议。既然是朋友，就要体谅对方的工作性质，不到不得已，不要给人家找麻烦。

想与同事好好相处，还要看同事的类型。和你不在一个部门，不可能有任何利益冲突的人，可以互相交换一下听到的消息，也可以为对方留意机会，这样的两个人很容易成为朋友；那些能力和你相当的人，当然就是竞争对手，但若你态度坦诚，也会有互相切磋、共同进步的可能；有一种同事与你个性互补，比如，你有干劲但急躁，他热情不高但细致，这样的人最适合当你的搭档和盟友，弥补自己的不足。还有一种同事和你的关系更微妙，这位同事高你一个级别，可以决定你的去留，可以决定你的未来职位，可以决定你有多少机会，甚至你的技能有部分是来自他的传授。没错，这位同事就是你的上司。

琳达最近春风得意，因为公司要选一个人特派到海外，这是个锻炼自己的好机会，而在琳达看来，她的上司凯丽女士，一定会把这个机会交到自己手上。但是，没想到，她的算盘打错了，凯丽女士把一个平日关系并不亲近的员工选为特派员。

琳达很伤心，她觉得自己和凯丽女士的关系一向亲密，放假的时候还会一起逛街买衣服，她甚至可以称呼凯丽女士的小名，为什么凯丽女士没有考虑她？更让她难以接受的是，凯丽女士对她越来越疏远，最近连打招呼都没有温度。

看琳达实在想不开，公司的一位老员工偷偷指点迷津："你觉得你和凯丽女士关系好，就是因为你们关系太好了！例如说，你叫她的小名，私下场合可能显得亲密，但你怎么能当众这么叫她？有一次下班的时候，我亲耳听到你对她说'××，动作快点！你想去餐厅排队吗？'她是你的领导，你怎么能这样对她说话？所以她和你疏远，我一点也不意外……"

任何时候，与上司相处都不可忘记礼貌，就算你和上司关系再好，也不可以僭越你们的关系。像故事中的琳达，随随便便在别人面前表示出与上司的亲密，已然不智；她竟然还用抱怨呵责的语气对上司说话，上司被一个小员工当众这样对待，肯定会觉得大伤体面。

对大多数人来说，上司是最重要的同事，上司对你既想提携，让你做出更多的业绩，增加自己的资本；同时你们又是竞争对手，有一天你可能取代他的位置。

不论上司对下属，还是下属对上司，彼此认清自己的身份，都是一种聪明的做法。特别是下属，不要因为上司对你好就沾沾自喜，以为自己了不起。你越是谦虚谨慎，上司越会看重你，越觉得你安全。你整天炫耀你跟上司的关系，上司也怕别人说自己"任人唯亲"，再看到你的肤浅很难担当大任，就会渐渐疏远你。和上司相处，尊重永远不嫌多，你越把他放在高位置，他越开心，这种无伤大雅的小虚荣，下属可一定要体谅。

8. 邻里之间不必那么远

武先生家最近遇到了抢劫，说来还挺惊险。那天晚上，武先生、武太太还有他们的女儿都已经睡下，那盗贼从楼上的阳台摸了进来，和武先生起了冲突，吓得武太太尖声大叫，那盗贼身强力壮，很快制伏了武先生，这时，破门而入的小区保安冲了进来，原来是隔壁的邻居听到叫声不对，立刻打电话叫了保安。

说起来，这不是邻居第一次帮武先生一家。还有一次，武先生家的狗丢了，满小区找，生怕被什么人牵走，迎面走来邻居，二话不说地帮着找，好不容易才在附近的公园找到那只找不到路的小狗。

常言说："远亲不如近邻。"日常生活是一个小范围的活动，多数亲人朋友都不能参与，反倒是住在隔壁的邻居，与人朝夕相见，出了什么事，能够及时为你提供帮助。特别是有什么紧急事件，你的亲友就算本事再大，也不能从天而降，还是要依靠邻居的仗义相助。从这个意义上来说，关系好的邻居带了亲人和朋友的性质，特别是多年的老邻居，彼此熟悉，无话不谈，即使分开也能长久保持联系。

对待邻居不能太冷漠，因为你们离得太近了，天天在你身边活动的人有了困难，你好意思不去帮助？你如果永远不为对方付出，那对方自然也不会来亲近你，大家不相往来也很简单。可是，天天生活在冰冷的空气里，没有人与人的热情气氛，你就好受？邻里之间的和睦，还是要靠相互关注，相互付出来维系。

得罪邻居也不是个好主意，因为他们对你太了解。隔墙有耳，你家的一举一动都能被对方听到，如果关系不好，他对人宣扬一下你昨日和家人吵架的内容，恐怕你的心情也不会好。邻里之间应该有一种默契，就是尊重对方的隐私，即使听到，也不要多话，更不要多问。

村口有一棵大树，树荫下有一大片空地，是纳凉的好去处。村里的老人最喜欢在那里下棋，话家常；村里的媳妇们也喜欢聚在那里择菜，交流持家经验。夏天的夜晚，很多人干脆睡在树下，享受吹来的凉风。那时候村里的人互相都认识，大家关系也亲密。

后来，村子被划分到城区，大树被砍倒，新建的房子有十几层高，从前的老人们想要见上一面都难。新的住处虽然宽敞，但邻居们各自关起家门，连招呼都很少打。偶尔，过去的老乡亲在街上碰到，都会说起从前那棵树，怀念不已……

不管我们愿不愿意承认，都会发现现在的邻里关系显然不如从前。我们也许根本不清楚隔壁究竟住了一户什么样的人。我们的生活太过机械，早上打开门去上班，匆匆忙忙；晚上回家关上门，再不出来。即使和邻居打过几个照面，也像陌生人一样。哪里像从前，出门就认识，一户家里有事，其他家都来帮助出主意。

现代社会，邻里关系的冷淡不可避免。现代人繁重的工作，让他们只知道在工作场合与人维持关系，回到家里累得没有力气做别的，也懒得再和陌生人应酬。即使要建立自己的关系网，邻居也不在他们的考虑范围之内——这其实是个思维上的盲点，为什么不把邻居纳入其中？也许是因为邻居离自己太近，太知道自己的一举一动，扯上利益关系会有麻烦。

不过，每天闷在自己的蜗居又有什么意思？何况能住在同一小区，大多是收入水平差异不大的人群，认识一下，也许会拓展自己的社会关系，也许会多个聊天的朋友，也许会发现契合的知己。和邻居关系好的人，家里出了什么事,也可以跟邻居商量——邻居们了解你的生活、你的个性、你的能力,比起那些离你很远的亲友,也许更能拿出好主意。

改善邻里关系应该从自己做起,不能等待别人主动。想要认识隔壁的人,最好找个对方休息的时候带点小礼物登门拜访,互相认识一下,发掘一下共同爱好。或者在小区散步的时候,超市买菜的时候,多打几声招呼,多说几句话,人都是在这种小事上逐渐熟稔,只要你善于发掘,你会发现身边有一个不错的邻居,他们也许是业余花匠,也许是电脑行家,也许是育儿专家,有了他们,你的生活有了更多的便利和乐趣。

9. 恩情无法报答,但必感念

韩信是历史上有名的将领,但在成名之前,他看上去是一个混吃混喝的懒汉。有一天饿得一头倒在河边,幸好有一个正在洗衣服的妇人看到了他,及时给了他一碗饭。等韩信能站起来,这妇人骂道:"你这么大一个男人,四肢健全,竟然差点饿死,真丢人!"韩信惭愧不已。

后来,这妇人不时接济韩信。等到韩信被刘邦重用,官位越来越高,就回到家乡,重重酬谢了这位曾给过他几碗饭的妇人。这就是后人说的:一饭之恩死也知。

锦上添花无人记,雪中送炭暖人心。中国历史上有很多感恩图报的故事。"滴水之恩当涌泉相报"就是因为在自己快渴死的时候,这"滴水"太重要了,那些帮助过自己的人,怎么能忘记?

人与人的相处，最先注意的也许是身份、外表，但相处到核心部分，最重要的就是看一个人人品如何。世界上没有完人，品德上也会出现这样那样的缺点，例如有些人爱贪小便宜，有些人不太守信，有些人喜欢说闲话，但这些人依然有朋友，因为这些都只是小缺陷，只有一件事会让所有人断绝了和一个人交往的念头，这就是忘恩负义。

人们很难原谅一个陷害自己恩人的人，也绝对不希望自己的生活中有这样一号人物，和这样的人相处，做再多事都白搭，为了自己的利益，他随时可以出卖你。所以，人们将这种人斥为"狼心狗肺"。这也能从侧面看出，人们对恩义的重视。那些给予过你恩情的人，不论是父母、老师、朋友、同事、陌生人……即使你没有力量报答他们，至少也要做到在心中感念，不要做对不起他们的事，否则只会让自己不安，让他们不齿。

古代有个书生正在赶路，突然听到前方传来哀叫，原来是一条小鱼陷在深深的车辙里，车辙里的水已经干涸，小鱼奄奄一息，看到书生，它挣扎着祈求说："这位书生，我已经支撑不住了，请你救救我，别让我渴死。"

书生非常同情那条小鱼，对它说："你真可怜，我现在马上出发，去首都拜见君王，向他禀告这件事，劝他开凿水渠，将东海的水引到这里，这样你就有水喝了。"

小鱼骂道："明明随便去那边的小河舀一瓢水给我，就能把我救活；或者把我扔进那边的河里，也能救我一命，你却在这里夸夸其谈，等到你说的水渠开凿完毕，我早就渴死了！"

人心向善，每个人都有大雪天"收炭"的经历，也都希望自己能成为别人的"送炭者"。但是，很多人像故事里这个书生，把"送炭"当作一件需要列出计划、仔细斟酌、周期漫长的大任务，那个需要你帮助的人就会如小鱼一般大骂"远水不解近渴"，甚至怀疑你的诚意。其实，人们在困难的时候需要的仅仅是那一小块炭，根本不需要你做更多，或者说，你未必有能力做那么多，但不能因为觉得炭太小，拿不出手，就根本不送。

那和袖手旁观有区别吗？

还有一种人，在旁人遭遇困难的时候不伸手，等到别人的困难过去了才帮忙和安慰，这样的人不但不被人感念，还容易遭人恨。想要帮助他人，一定要懂得如何急人所急，站在对方的角度，给对方解决最实际的问题。也许你会说："能力有限，总不能说大话吧？"别人不是傻子，知道你有多少能力，所以你就算说一句话也能代表心意，也能给他精神上的安慰。最怕的就是什么也不做、什么也不问的冷漠心态。

关于"恩情"这件事，别人帮你的时候大多不是为了让你报答，甚至没有这种想法。但你的感谢却不能少，一句"谢谢"会让他们觉得自己做的事很有意义，很窝心。还有就是他们有困难的时候，如果你恰好有能力却不帮助他们，他们很容易觉得你"不够意思"。一开始单纯的事，最后也许会变成人情纠纷，你怎么能不上心？

不过，也不要因此扭曲了他人的好意，不如将心比心地举个例子。你在马路上救助了一个摔倒的人，他当时对你说了"谢谢"，你就会觉得自己做了一件大好事。有一天他突然登门送上一份小礼物，重新感谢你，你会不会感觉更好？有一天他听到你有困难，马上表示出力，你又作何感想？把恩情记得久一些，它的温度也会一直持续，你的心就凉不下去。维持这种温暖，你需要做的事并不多，只要让恩人知道，你一直记得，他就会充分体会到人心的美好。

10. 对手是另一种伙伴

有对手在，我们的成功始终都有被打折的可能，我们很难喜欢自己的竞争对手。当我们努力地做一件事，从一开始缜密地制订计划，到每一步咬牙用功，百折不回，经历了旁人不能经历的折磨，突破了少有人突破的困境，终于看到了终点的影子，突然，有人从身边蹿过去，先自己一步到达，那一刻，我们的感觉无法形容，就差几步，没有几个人会真的心服口服，更多时候，我们会希望对手不存在。可是，他们无处不在。

在非洲草原上，羚羊有矫健的四肢，狮子有威武的体态，它们互相警惕，谁也不敢放松一丝一毫，所以，羚羊的脚步越发灵巧轻快，狮子的爪牙越发锐利——竞争对手究竟是你死我活，还是互相依存？只能说没有了竞争对手，他们都会怠惰下来，再也不会有进步的机会。承认对手的价值不是一件容易的事，但一旦你认同了他们的存在，你的人生在那一瞬间就会踏上一个新的高度，至少，你已经走到了竞争之上，有了更宽广的视角。

每当说起小学时的同学吴克，马先生的眼神中会流露出佩服的目光。在小学的时候，马先生因天资聪慧，学习成绩在年级里数一数二，不过，每次考完试等待成绩的时候，他都忐忑不已，因为吴克的天分不比他差，还经常考在他前面。两个人谁也不服谁，每天都做大量额外习题，经常去办公室要求老师课外指导，这两个人的竞争，年级里人尽皆知。

五年级的时候，马先生生了一场大病，医生宣布必须在家休养半年。

父母和他商量要不要办休学，马先生死活不干。想到自己会落在吴克后面，心情越发沮丧。好胜心强的他在家里自学，可是少了老师的讲解，到底差了许多东西。

半个月后，吴克突然找上门来，给了他几本抄好的笔记，原来吴克刚刚知道他要休息半年，他觉得这样耽误时间很可惜，就把自己的笔记借给马先生，让他能在家里自学。半年的时间里，吴克每周都会把自己的笔记借给马先生，还会告诉他自己买了什么练习册。半年后，马先生回到学校，第一次考试，成绩仍在全年级前十名，让所有老师惊奇不已。

马先生说，从那时候起，他就立志做一个像吴克那样有心胸、有气度，让人佩服的人。虽然吴克不过和他同龄，但他对待对手的那种坦诚，让马先生心悦诚服。此后数年，马先生不论面对什么样的对手，都本着"共同进步"的原则，还时常帮助对手，给对手提意见，这样做不但没有阻碍到马先生的发展，反而让他有了越来越多的朋友，共同推动他的事业。

有人说，来自对手的夸奖是最大的夸奖。这句话并不夸张，在竞争领域，你的对手最了解你，也最了解你想要达到此时的成绩，需要多少代价。在奥运会的领奖台上，那个站在第一位的选手经常与第二名选手握手，甚至不同国籍的两个人会含着眼泪拥抱，旁观者无法理解这种情形，但看他们真情流露，根本不是在作假，这就是"惺惺相惜"。也许只有对手能够了解你的辛苦和不易，能够明白你取得成就付出过多少努力，他们深知其中滋味，永远不会对你的成绩不屑一顾。

对那些头脑通透、心性玲珑的人来说，没有永远的对手，只有不断的进步。对手是最好的教科书，你们追逐共同的目标，他的一举一动总有值得你参考的地方，发现他比你高明，就需要放下架子，向对方学习。就像那些体育运动员，平日除了刻苦训练，研究对手的比赛录像，了解对手的优点弱点，也是训练的重要项目，为的就是"知己知彼，百战不殆"。

还有的人的做法更聪明，他们会想尽办法与对手保持良好关系，他们在乎胜负，但也认为"胜负不是最重要的"，这种虚怀若谷的风度只有真正的高手才具备，他们愿意与对手共享自己手中的资源，愿意赞美、推荐自己的对手，他们当然也会遇到恶意竞争，甚至吃过大亏，不过，他们也在一次次的吃亏中分辨真伪，汲取教训，巩固着自己的地位。

　　如何把自己的对手变为盟友，甚至变为朋友？想要什么样的结果，就要有相应的付出，这需要你的真诚。不要因为对方超过自己就不忿，也不要在任何场合指责对手，让人认为你没有风度。人生得一知己不易，得一好对手更不易，随着你的层次越来越高，你越会像金庸笔下的独孤求败那样，真心渴望一个好对手。在你的人生道路上，倘若一直有人品、学识、能力都与你不分伯仲，又能不断奋进，让你丝毫不能松懈的对手存在，可以想见，你的生命质量会越来越高，越活越精彩。

第四辑
接纳别样之美

人生百态,总有一些事,不顺从个人的心愿;

也总有一些事,超出我们内心设定的蓝本。

然而,那些转移了我们的意愿、超出我们内设的事又何尝不是另一种风景,带来了别样的美丽?

接纳这世界的别样之美,这是一种智慧,更是一种襟怀。

1. "过界"又怎样

9月是大学开学月，无数新生怀着激动的心情进入梦寐中的学校。小宇就是其中一个，他选的专业让人大跌眼镜：佛学。别看这个专业冷门，还真不好考，连小宇这样门门功课优秀的好学生，都是刚刚过线。报考的时候，也费了一番周折，他一说佛学专业，老师家长都以为他将来想出家，苦口婆心地劝，他好不容易才说服他们同意。

小宇看重的是佛学博大的智慧，在学习中，他越来越感受到这一点。后来，也认识了一些寺院的僧人，有些还是有名的僧人。小宇在参观寺庙时惊奇地发现，这些徒弟还挺"潮"，会玩电脑，会说英语，什么新鲜事他们都知道。

有一次，小宇和一位高僧谈起这个问题，高僧说："人们常说的'苦修'不是一定要在深山里闭门不问世事，而是一种心灵上的精进。何况，只有知道外面在发生什么，才能对世界领悟得更深刻，佛家讲究万物平等，万物平等的基础是什么？是你的心胸要开放、博大，才能包容万物。"小宇听得入了神。

在普通人眼里，"佛"是个尘世之外的概念，每当有人提起，首先想到的是那些大门紧闭的寺院，里边的徒弟每天只知道诵经敲钟，根本不问世事。但真正接触过佛门的人，就会了解那些真正的高僧，不但跟得上时代步伐，还会进入大学念书，出国作研究，经常出入各种研讨会，结交各类朋友。

总而言之，佛者严格地遵守戒律，但他们的心态比一般人更开放。

做人也要有这种"开放"的观念。开放，首先是一种襟怀，是一种包容万物的广博。世间万物各有不同，有你喜欢的，也有你讨厌的。狭隘的人只愿意接触喜欢的，对讨厌的能躲多远就躲多远，有时还会去诋毁，甚至消灭。但心理开放的人就不同，他们愿意接受人与人的差异，承认对方是对的，自己也是对的，这种"求同存异"的心性，让他们走到哪里都不会为情绪自苦，而是在各种环境下都能自得其乐。

开放，同时也是一种眼界。人的心大，看到的东西自然就多，接受的东西也越来越多。试想一个人如果只爱吃甜的东西，对其他味道一律排斥，他就会错过其他味道的美食。就算他本人觉得没事，旁人也要为他惋惜——为什么不多尝试一些呢？也许尝试过，你也会喜欢，也会欣赏；就算仍然没兴趣，也让生命多了一种经历。何况，人生与吃饭不同，经历越多，眼界就越宽，想东西也会更全面。

在与人相处时，有些人也喜欢自我设限，总是把认识的人分门别类，只和喜欢的人交往，完全不与讨厌的人接近，这就错过了了解他人的机会，也阻碍了人际关系的拓展；在学习知识的时候，更不能自我设限，认为自己只要学好某一科目就可以，或者认为自己根本不必学某些东西。现代社会，知识就是金钱，金钱有赚够的时候，学习却永无止境。

说到底，开放是一种襟怀和智慧，更是一种勇气，一个有心胸承受灾难挫折、成功失败的人，总是敢于在各个方面尝试，哪怕他们一次次撞上"南墙"，也不愿错过下一次机会。在学业上，他们坚持自己的专长，实现多向发展；在人际上，他们愿意和各种各样的人交朋友，哪怕那是别人口中的"怪人"；在生活中，他们永远愿意接受新鲜事物，不论他人褒贬与否。除了道德，他们不给自己设任何限制，因为他们知道，心有多大，舞台就有多大。

2. 人生是一串烦恼穿成的念珠

一男子整天烦闷，心中有无数烦恼，请求一位老师帮他开解。老师听他细说平日生活的种种烦恼，突然对他说："帮我倒杯茶水。"男子依言而行，和老师对饮了茶水。

没想到一刻之后，老师问："你可喝过茶？"男子点头。老师又问："可把煮水的灶具都收拾好了？"男子点头。二人继续谈话。

一刻之后，老师又把同样的问题问了一遍，男子又答了一遍。没想到老师又问了第三遍，男子忍不住问："为什么一直在说这个问题？"老师大笑："你的烦恼，不就是因为把同一件事翻来覆去地想？你不去重复，又哪里来的烦恼？"男人恍然大悟。

大仲马说："人生是一串由无数小烦恼穿成的念珠。"人生在世，避免不了烦恼，一颗一颗念珠从心中滑过，不知什么时候，它再来一次，于是这烦恼无穷无尽。有些人认为遁入空门，就能避免烦恼，但空门之内，尚有三餐之事，修行之忧，习惯了烦恼的人，只会发现新的烦恼，不会解脱。真正能够避免烦恼的老师教导他人：想要避免烦恼，就不去想那烦恼。

任何一种生活都会带来烦恼，例如各种条件便利的现代人，每一天都会遇到很多麻烦：早上起床，鞋子穿错了；换鞋子晚了一分钟，没赶上车；到了公司，上司心情不好；下班后去商场，发现电梯坏了；去快餐店吃晚饭，发现肉烧得过了火候……这些小麻烦，只要上心，就能让人烦恼，所以我们经常听人感叹："怎么这么烦呢！怎么什么事都不顺心呢！"

烦恼其实不是什么大事，很多人尽管烦恼，也懂得一笑而过，翻书一样翻过一页，就算过去了。真正让烦恼成为大事的，是人的心态。有人偏要和自己较劲，越是烦恼越要想，越想就觉得越麻烦，于是，所有的小麻烦都变成了大烦恼。更可怕的是，世间万物都有或明显或隐晦的联系，当烦恼多了，就会发现它们彼此盘根错节，这时，烦恼就变成了铺天盖地的罗网，让人觉得根本无法逃脱，于是，人们继续烦恼……

古时候有个杞国人，天天担心头顶上的天会塌下来，他每天都想着天塌下来，自己一定逃不掉，觉得自己很凄惨。他担心不已，竟然生起病来。

有朋友来看他，问他为了什么事病得这么严重，他忧心忡忡地将烦恼说了。朋友大笑说："天怎么会塌呢！而且，就算天真的塌了，你担心就能避免吗？"

在所有的烦恼中，最麻烦的有两样：一是为昨日烦恼，一是为明天烦恼。昨日已去，无法改变，烦恼也是白白浪费感情，世上没有后悔药，偏偏人们总是喜欢后悔；明日还不分明，烦恼也抵不过变数，更是无用之举，偏偏人们就喜欢担心明天会发生什么，似乎担心一下，明天就会变得顺心如意。这些人，都是杞人忧天。

时间是一个单向的过程，从昨天通向明天，只在今天稍作停留。它给予我们的只有24小时，说长不长，说短不短。利用得好，可以做很多有意义的事，但如果左顾右盼，一会儿想着昨天哪件事没做好，一会儿想着明天哪件事可能做不好，你还剩多少时间留给自己？留给那些真正该做的事？

烦恼到极点的时候，人们希望烦恼放过自己，让自己落得片刻清闲，其实不是烦恼不肯放过你，而是你不肯放过烦恼，不肯放开自己。总觉得多担心一点，多做一点，就能让自己的心情缓解一下，但烦恼不是心灵的放松，它只会让心灵的弦绷得更紧，让心头的大石压得更重。如果不能自己想开，不能把烦恼当作一件平常事，不为它浪费时间，任凭旁人如何开解，烦恼仍然是烦恼，根本不会改变。

天下本无事，庸人自扰之。有慧心的人当知道，自寻烦恼就是自苦。每日只想烦恼，更加看不透其他人事，对于一个人的判断力也有极大影响。何况，一个人应该向远处看，才能走得更远，只是看到眼前的一点小事，被小事绊住手脚，如何做大事？

能够忘却烦恼，体现了一个人的智慧，也体现了一个人的心胸。人的心胸装的，应当是雄心壮志，如果装满鸡毛蒜皮，这个人言语难免琐碎无味，相处不久就会觉得面目可憎，可见烦恼不是修养自身之法。人活于世，过好每一个今天，不去追悔昨日的事，不去担忧明天的事，才能尽人事听天命，福乐安康，摆脱烦恼的纠缠。

3. 容许他人犯错

北宋词人苏东坡是性情中人，他有个朋友是个徒弟，法号佛印。东坡和佛印经常斗嘴，留下了不少充满玄机的笑话。

有一天，苏东坡对佛印说："在你心中，我看起来像什么？"佛印说："像一尊佛。"

佛印又问苏东坡："那在你心中，我像什么？"苏东坡看着佛印的佛袍说："一坨屎。"

见佛印不说话，苏东坡自以为得到了胜利，回到家兴冲冲地将这件事告诉苏小妹，苏小妹说："哥哥，你输给佛印了。佛印心中有佛，看所有人都像佛。你看他像一坨屎，你说你心里装的是什么？"东坡听了，大感惭愧。

在生活中，我们每天都在接触大量的人，如何看待别人，考验一个人的眼光，也考验一个人的胸怀。看人有时候就像这则故事，你愿意相信他人是好的，他人做的事是出于好意，就像佛印看苏东坡，人人都是佛；但若你相信他人心机狡诈，别有用心，那么就像苏东坡看佛印，处处都是屎，臭不可当。

现代人希望别人对自己高看一眼，却常常把别人看得很低，发现人家一个缺点，一个错处，就以偏概全，断定这个人"不咋地"——他们看人的眼光，就是挑刺和找碴儿。挑出别人的不好，是为了证明自己的好，以此确定优越感。而这样的人，得到的不是别人的青睐，而是一句"自己不怎么样还总看不起别人"。

古代君子的修为，修的是"严于律己，宽以待人"。可从古至今，多数人在行事时都把这句话颠倒过来，对自己的缺点视而不见，对他人的缺点如数家珍。这样的人与人相处，无法体谅他人，只会爱护自己，身边的人，大度的久了会心冷；小气的会与他争着计较，两个人从此纷争不断。这样的人不论生活还是做事业，都会有很大的阻力，甚至觉得事事不顺，这也难怪，你对别人苛刻，人家怎么能对你宽容？

书院里的徒弟多了，难免也有些事端产生，有时候需要先生亲自调停，有时需要辈分高一点的先生出面。年轻徒弟们尚不能摆脱世俗气，有人脾气急，有人懦弱，有人仗义，争吵也就不可避免。其中一个小徒弟脾气特别急躁，不但经常和师兄吵架，还经常与前来求教的客人争吵。

争吵一般是这样产生的，有人向他倾诉心头的烦恼，例如，为背着妻子交往了另一个女人感到内疚；对竞争对手使用阴暗手段感到后悔；花了父母很多钱却没有拿到好成绩觉得自己没用……这时候，小徒弟就会大发雷霆，激烈地指责这些客人。过后，大一点的徒弟去和客人谈话，年老的徒弟就会说小徒弟："世界上没有十全十美的人，难得的是他们还有良心，还肯向善，所以才会出现在这里，你这么急躁，真不像话！"

小徒弟认为犯错的人就该被激烈指责，他看不到那些人眼中的愧疚，体会不到那些人需要的是一个改过自新的机会，不明白那些人最需要的是有人给他们指一个方向。所以老徒弟才会说小徒弟根本没有智慧。

在生活中也是如此，人心才能换人心，设身处地体谅对方，全面地了解别人，也许你觉得那些你不会做的事，其实也不难理解。每个人都有难处，都有弱点，他们犯错误的地方，也许恰好是你做得出色的地方，但你无须为此沾沾自喜，因为在别的方面你未必有他们优秀。所以，面对他人的错误，也要以宽容的眼光来看待。

生活应该是对他人的担待，而不是揪着他人的错不放。例如有些时候你认为他人得罪你，有没有想过别人也许是无心的？就拿说话来说，有人说了一句"不喜欢胖人穿紧身衣"，可能只是看到什么有感而发，如果硬要揽到自己身上，一来你未必有那么胖；二来你一生气，对对方的态度自然不好，对方莫名其妙地被你冷落或回击，对你的印象从此也不会好。

有一词叫"海涵"。海纳百川有容乃大，这是真正的襟怀。海涵就是以平和博大的心态看待世间的一切，你接受得越多，智慧也就越多。对待他人的时候，要摒弃求全责备的呵责，矫揉造作的要求，假惺惺的热情和问候，看一看大海如何对待江流吧，不论大小，它都会一视同仁予以接纳：对于他人，是一种尊重，对于自己，是一种成就。

4. 包容自己的不完美

一户人家的媳妇每日早起晚睡，忙于织布，她织出的布又细又密，图案又美，附近的人都称赞不已。不论是丈夫、小姑还是公婆，都对她赞不绝口，可是，她却觉得自己做得不够好，织布图案虽美，但速度太慢，不及邻居家的很多女人。

婆婆见媳妇每日为此发愁，就对媳妇说："一花一世界，每个人都有他的长处、短处，就如桃花和梅花，各有各的姣美，如何作比？你固然觉得自己织布不够快，他人也觉得自己织布不如你的美，还是应该自己看开一点，不要为难自己，才是舒心之本。"

媳妇听了，心中顿时开解不少。

故事中的媳妇能把布织得又细又美，这是她的优点。而且一匹布想要织得美，肯定要花更多的心思和时间，可她不满足，偏偏还要追求速度。虽说做人应当"严于律己"，但一味高标准严要求，把神经绷得紧紧的，就失了"要求"的本意，成了强求，甚至苛求。诚然，每个人都希望自己进步，比过去做得更好，但人的能力有限，或者拘于时运，事与愿违的情形比比皆是，若一一强求过去，恐怕人生的不如意只会成倍增多，而这不如意还是我们自己找来的，可谓自寻烦恼。

我们常常为了人情、为了照顾他人、为了礼貌等原因，宽容他人的过失，容忍他人的不完美，对于自己，有时候却"狠了点"。每个人都想自己全面发展，无所不能，又有几个人样样都好？改掉缺点是没错，增长本领也没错，但每个人都有不适合的事，非要做好，不也浪费了做适合的事的时间？

包容，形容万物皆在心胸之中，原有其过，尊重其性，其中怎么能少了自己？与其勉强自己做那些不擅长的事，为什么不集中精力，把擅长的事做到最好？世人总是想着面面俱到，殊不知有重点才是成功的关键。如果对自己太苛刻，总拿自己的短处对比其他人的长处，只会丧失自信，再多的成就摆在眼前，也会觉得自己一事无成。

新学期有一堂选修课叫《科技与人的发展》，很多人听说过这个课的名字，虽然看上去挺普通，但教课的老师学识渊博，谈吐风趣，备课认真，是每一年的学生都会抢着选的课程。

第一堂课，学生们坐在阶梯教室里等待老师。老师出现了，是一个只有一只胳膊的中年男人，他似乎习惯了学生们惊讶的目光，自顾自地摆弄着幻灯片设备，一面对学生们说："少了一只胳膊，效率只有一半，你们可要多等等才行，不过没关系，我的舌头很灵巧，可以和你们说话。"学生们哄堂大笑，大家立刻喜欢上了这个幽默的老师。

对待自己不完美的地方，很多人讳莫如深，很怕别人知道，更怕被人嘲笑。故事中的老师显然不是这类人，对待自己肢体上的残疾，他看得开，也不在意，即使少一只胳膊又怎么样？不过是效率低了点，但他仍旧是受学生欢迎的老师，缺陷丝毫没有影响他的能力，他的形象，他给人的好感。甚至，他的豁达与乐观，让学生更想要亲近他。

我们不但要对别人宽容，也要对自己包容。那么我们怎样才能学会宽容地对待自己？首先要懂得全面分析自己。凡事不要太强求，不要把自己当成一个万能的超人，每个人都有缺点，有些缺点需要改正，有些缺点无法改正，甚至可以说，它是你的一种特点。总是对自己求全责备，很容易对自己丧失信心，甚至变得自卑。

每个人都想别人看到自己完美的一面，留下最好的印象，但有的时候人们偏偏看到了不完美,而且,还有些挑剔的人专门找别人的缺点,你能有什么办法?其实,自己说出来,比别人说出来更好,自嘲的人往往让人觉得很可爱。人的心需要保持一种平衡,既不要太自负,也不可太自卑,对自己的优点,心里有数;对自己那些无伤大雅的缺点,要能做到一笑置之,这就是一种襟怀。

保持心理平衡的最好办法就是学会自嘲。缺点和不完美有什么大不了,不如当笑话说出来让大家也笑一笑,一件事人们开过玩笑以后,就再也不会嘲笑。例如一个胖子如果总是遮遮掩掩,在人们心中,他不过是个自卑的胖子,但是,他如果随便说几句自己"人宽心也宽",那大家会把"宽"当作他的优点记下来,留下大度的印象,至于胖不胖,那已经是细枝末节问题。把自己的不完美转化为一种特点,甚至一种优势,这才是真正的智慧。

5. 不要求生活格外厚爱

一个女人进门就开始大哭,老师正在看书,待她哭完,才温言问她:"这是怎么了,又有什么苦恼?"女人说:"生活对我太不公平了!你知道,我和丈夫白手起家,开了一个小卖铺,如今已经成了一个大商店,还有很多家精品店。可是他竟然有了外遇。我的儿子以前很孝顺,自从上了高中,越来越不肯听我的话……"

老师耐心地听着女人的抱怨,等她平静下来才问:"你看着这世上人这么多,他们都怀有心愿,但这些心愿都能一一实现吗?"

"肯定不行。"女人说。

"所以，生活也是如此，它不能对每一个人都好，但也不会对每一个人都不好，你接纳了它，自然可以看到它的好处，你对它失望，自然处处失望。"

对待生活，人也要有自己的襟怀和气量。这种襟怀并不是逆来顺受，而是一种理智的接纳。就如故事中的女人，生活对她并不公正，但她再抱怨也不能改变事实，不如静下心来承认现实，想一想下一步该怎么走。如果决定以宽容的心态对待丈夫和儿子，也许他们会痛改前非；如果决定离婚，也许也会有另一番精彩的生活。生活给予你的不只是不如意，还有惊喜和未知，你不接纳它，就永远没机会领会。

人们习惯要求生活，希望它慷慨仁慈，给自己更多的机遇与好处，但生活本身不可测，有时候甚至变成不测，让你措手不及。对待生活，人们有三种基本态度：第一种，对生活中的任何事，都早已麻木，毫无知觉，既不悲也不喜，每天庸庸碌碌；第二种，厌恶生活中的不平，抱怨或者远远地逃避，以一种消极的心态应对；第三种，勇敢地面对生活的挑战，让自己一天比一天进步，接受生活，改善生活。显然，第三种状态是最佳的，可惜绝大多数人被生活磨成了庸碌者或愤世嫉俗者。

总觉得生活待自己不公，是因为心胸不够敞亮，总是记得那些不如意，从来不看看生活给自己的馈赠，似乎这一切都是理所当然，有一点不满意就要哭天抢地。这样的人，如何获得生活的青睐？就像你对一个人很好，他偏偏看不到，却总是挑你的毛病，你还会待他像以前那样吗？如果你要把生活"人格化"，就以正常客观的心态对待它，否则你只会失望。

一个女孩总是抱怨自己找不到真正的好朋友，她常常说："真希望有个仙人，赐给我一个真心实意的朋友。那该有多好。"她的祈祷感动了神仙，神仙下凡问她："你想要一个什么样的朋友？我可以帮你寻找。"

"性别不重要，重要的是要了解我，欣赏我，愿意照顾我。"女孩说。

"这不难，你身边应该有很多这样的人。"神仙说。

"他最好非常优秀，事事都能为我出主意，能够很好地帮助我。"女孩说。

"这也不难，你以后会遇到很多这样的人。"神仙说。

"在我需要的时候，他总是能出现在我身边，为我分担。"女孩继续说。

"这个有难度，不过应该也能找到。"

"不能重色轻友，要把爱情和友情一碗水端平。"

"这好像有点过分……"

"不论我犯了什么错误，他都能有宽容的心态……"女孩还要继续说下去，神仙翻了个白眼说："不用说了，你想找的人地球上没有。而且，你能不能告诉我，如果你有这样一位朋友，你能为他做什么？做得到你说的这些事吗？"

对他人，也不要要求太多。人们习惯以苛刻的标准要求那些和自己有关的人，对陌生人却愿意宽容，在利益有冲突的前提下，人们的竞争越来越激化，对敌人的要求就更为简单。这就像看到一个多年行善的好人犯了错误，忍不住呵责；看到一个作恶多年的坏人偶尔做了一件坏事，就念念不忘。这种"差别待遇"导致了世界观的扭曲，偏偏多数人都有这么一种心理：好的东西看不到，专门盯着错的。这对身边关心你爱护你的人，公平吗？

更有人整天活在算计之中，心胸狭窄拉低了他们的智商水平，变得越来越狭隘，越来越在乎那些不合自己心意的人和事，恨不得它们统统消失。可是，你不是神仙，没有人有义务对你百依百顺，算计来算计去，生活也许会在你的手上稍稍更改，但大的方向依然不是你能把握，令你烦恼的事依然层出不穷。你想要更加平和顺心地过下去，却发现机关算尽太聪明，反落得一身不是，远不如那些豁达的人来得爽快。

要学会大事化小，小事化无，消化生活中的种种不如意，才能把那些负面因素抹掉，端详生活的本来面目。你会发现不如意的背后，也有机遇的端倪显现出来。人们常说"否极泰来"，生活就是这样起起伏伏，让你欢喜让你忧。它就像一个不懂事的孩子，常常惹出麻烦让你气得跳脚，但如果细细寻找，你会发现其中有足够多的美好与爱，值得你感激享受。

6.
留有余地，才能海阔天空

一个小徒弟总是觉得人生无聊，他做什么事都精益求精，对人坦诚认真，但却经常得罪别人，很多人都说："做人别那么认真。"他不明白自己到底做错了什么。

师父对他说："你去拿一杯清水来。"

小徒弟拿了一杯清水，师父吩咐他加一勺糖，尝一尝，然后问："甜吗？"

"甜！"小徒弟说。

"那你再加一勺，再尝一口，还甜吗？"

"甜，有点腻。"小徒弟说。

"再加一勺，再尝。"

"不甜了，有点苦。"

"你看，如果不能恰到好处，甜水也会变成苦水。做人做事也是这样，没有足够的余地，就会失去最好的味道，现在你明白了吗？"

一杯水的味道，可以由人自由决定，但是，很多人握着主动权，却没能把握好这个机会，反而因为自己的执念，让本来能够圆满达成的事变为画蛇添足，这都是因为他们不懂得为自己的心灵留一点空间。人的心灵容量有限，填得太满，就再也塞不进别的东西，勉强塞进去，不是看上去庞杂，就是走进去拥挤，自己有的时候想想，也觉得烦闷不已。

我们都看过国画，中国国画与西方油画不同，西方油画每一寸画布都被浓重的油彩涂满，以色彩吸引人的眼睛；国画却常常是一张白纸上，山水花鸟点墨其中，其余都是留白。这种留白，给予人们极大的想象空间。以国画大师齐白石最擅长的虾为例，齐白石画虾活灵活现，旁边不必画出水波气泡，人们自然能根据虾的形态，想象一番碧波荡漾的精致，或清水小石潭的悠闲。留下的空间越多，画的延伸性就越足。

生活中，我们做事也要注意这种"留白"。为什么那些有智慧的人总是让人感到"游刃有余"？就是因为他们不把事情做满，说话也会留上三分，做到，皆大欢喜；做不到，也不会让人太过失望埋怨。就如想要做一个计划，留下的机动时间越充裕，事情就会进展得越顺利，如果满满当当地排满每一分钟，一旦有变数，就会耽误一大串后继行动，导致最后失败。

一天，一位农民接到了哥哥的书信，说某月某日自己会去弟弟家里做客。农民看了大喜，在哥哥到来的前一天，他一大早醒来，给儿子一张物品清单，让儿子去山外面的集市准备买新鲜食材，儿子知道伯伯要来，也很开心，赶着驴子出了家门，说一个时辰肯定回来。

一个时辰之后，儿子没回来；两个时辰后，儿子还是没回来。农民左等右等不禁开始担心：难道儿子出了什么意外？他和妻子不放心地找了出去，在附近的一座独木桥上，看见了自己的儿子，只见儿子牵着驴，驴背上驮满货物。他对面站着一个小孩，也牵着驴，两个人大眼瞪小眼，谁也不肯让谁一步，就这么僵持着，不知待了多久。

"糊涂虫！"农民骂道，"你让他一步，不过耽误一分钟，就因为你不肯退让，已经耽误了一个时辰，你还准备误多久？"话刚说完，两个小孩同时退了一步，都觉得很惭愧。

妥协是人际关系中最好的润滑剂。当两个人为一个问题吵得面红耳赤，如果有一方愿意说："我觉得你说得有一定道理，只是和我的想法不同。"剑拔弩张的气氛立时就能缓和。多数时候，人与人之间其实只是观点不同，没有谁对谁错，但有些人偏偏喜欢步步紧逼，在他们看来，退步就是认输，自己并没有错，为什么要退？与其说他们过分在乎自己的观点，不如说他们过分在乎自己的面子。

还有一种人在做事时有点小心眼，总给自己留一手，而且为这种事沾沾自喜。其实你给别人留一手，别人自然也要跟你留一手，甚至留几手，双方如果不能坦诚，就会顾虑重重，合作空间就越来越小。有的人也想坦诚，但坦诚带来的不仅是更多的了解，还可能是争执，这时候，不妨再大度一点，学会如何对他人妥协。

妥协意味着双赢。人与人之间为何争执不休？在于他们要争取各自的利益。没有几个人能够做到百分百得利，只能在有限的空间中保持自己的生存与发展，这就需要向对手让上几步，让大家都能得些利益，事情才能继续做。事实上，让利的结果并不是亏损，有的时候会带来更多的合作机会，让自己发展得更快，对手亦然，这就是双赢。

海天之间，为什么给人以辽阔无尽之感，就是因为那中间空间太大，这就是大自然的襟怀。人和人的相处也是如此，你心胸大，不计较旁人的失礼，不去没事和别人生气，在利益问题上，肯退个一步半步，别人自然也会投桃报李，你们之间的空间也会不断增大。想要海阔天空，空想没用，先要打开自己的心去接纳，不然在狭小的空间里很难有大发展。

7. 襟怀要匹配内心的容量

小徒弟负责给老师沏茶，他没有经验，每次都把茶壶灌进满满的清水，结果水不但沸得慢，外溢的时候经常让小徒弟手忙脚乱。倒茶的时候，小徒弟更要把茶杯倒得满满的，老师无奈地说："你倒得这么满，喝的人想要拿茶杯，先会泼在手上。"

"可是，把水倒得与杯沿齐平，看上去很好看啊。"小徒弟说。

"好看固然重要，但不实用。多数人都不会小心翼翼地拿茶杯，茶还没喝进嘴里，先洒了一半，你说要这漂亮有什么用？"

见小徒弟不说话，老师继续说："做人也是如此，如果你把事情说得太满，做得太满，别人就会不满。这个道理你一定要牢记。"

"襟怀"是很多人的追求，也让很多人误解。"襟怀"按照字面上的意思，是心胸的容量，支撑它，却需要能力与勇气。一个没有能力的人硬要大方，说什么都不在意，人们就会认为他是在硬挺，不过是在说漂亮话。还有一类人为了显示自己对他人的用心，显示自己的能力，总是把事情做得满满的，以此来证明：我很无私。他们的行为就像故事里的小徒弟，不明白漂亮的做事需要空间，而不是塞得一丝不剩。

想要拥有博大的胸怀，先要明白自己的容量，不要以为什么事都能接受就是气量——就像一个人把各种各样的菜品塞进肚子里，吃了很多却不能消化。消化能力，其实比接受能力更重要。有些人为了表现自己虚怀若谷，总是勉强自己以去"海纳百川",实际上心中却对别人的说法大大不以为然,旁人也不是傻子,心中有数,知道这些人只是摆个样子,根本不真诚,也根本不会信任他们。

人的胸襟需要修炼,没必要刻意拔高自己,一下子就达到某种高度。当你是条小溪的时候,你就去接受那些小水流;等你渐渐壮大,自然有更大的河流来找你,然后,才能成为大海。如果一条小溪想要接纳大海,你想会有什么结果?小溪一下子变得又苦又咸,完全失去了本来面目和滋味,这也称得上是一种"灭顶之灾"。

一个推销员按下劳拉家的门铃,他的客户名单上,劳拉夫妇有一个刚刚五岁的孩子,正适合他推荐一套新出的电子百科全书。好话说了一箩筐,劳拉夫人没有什么兴趣,推销员对那个孩子说:"小朋友,你知道吗?这本书是最权威、最全面的,不管你想问什么,在这本书里,都能找到答案!"

"是吗?"小孩不以为然地问,"那叔叔,请你查查这本书,告诉我上帝究竟喝什么牌子的奶粉好吗?"推销员哑口无言,灰溜溜地走了。

"最"这个字不能随便使用,除非有十足的把握,不然别人一句话,就能让你现原形。人们总是想把事情做得圆满,总希望达到一个"最",可惜他们的愿望也不能决定行事的质量,把话说得太满,就成了吹牛,像膨胀的气球一般,一戳就破。故事中的推销员手中的百科全书,难道真的不好吗?也许它的确是个值得购买的新品,但他的态度,却将这新品的价值打了折扣,夸大其词的结果,就是人们的信任不增反降。

有智慧的人最讲求"实事求是",不要以为把坏的说成好的,把死的说成活的就是聪明,那最多被人认为狡猾。做事的智慧是在现实这个平台上发现机遇,运用灵巧的手腕,而不是拔高自己的能力,降低现实的难度,做事之前"看上去很美",做事过程中连连失手,做事的结果像是自己在打自己的脸，要知道把话说得太满，就是在堵自己的路。

想要拥有高质量的人生，博大的胸襟必不可少，但要注意循序渐进，不要以为这东西想有就能有，举个最简单的例子，现在的你，能不能做到什么也不在乎？有胸襟的人，不在乎多数事，普通人不在乎少数事，甚至是极少数事，这中间的距离，还需要用努力去弥补。不要妄想"一步登天"，脚踏实地才是真正的气量与质量。

8.
真正的境界是平常心

小弟子终日问老师："修行的最高境界究竟是什么？能不能给我指一个人，他已经达到了这种境界？"老师说："想要达到修行的最高境界谈何容易，但若想找，也不是没有，你跟我来。"

小弟子跟随老师走向集市，他想，也许在这闹市中，有个默默无闻的隐士，满腹经纶。可是，走了半天也没看到隐士的影子。小徒弟又想，也许在这些商贾之中，有参透世事的善人，可是，老师仍然没在任何商铺门前停步。

终于，老师停在一个擦鞋匠面前，对小徒弟说："这就是你要找的人。"

"什么？"小徒弟大惊失色，但他知道老师不会诳他，就坐在鞋匠身边仔细观察。只见这鞋匠神态安详，没有因自己的工作对谁露出讨好的神色，他认认真真地对待每一个客人，将客人的鞋子擦得干干净净，像是在擦一件工艺品。小徒弟这才明白,所谓修行的境界是一种远离浮躁,每个有心人都能达到的宁静境界。

小弟子还年轻,不懂得禅境并不高深,只需要一颗宁静的心就能达到。可是,想要有一颗宁静的心谈何容易。就像故事中的擦鞋匠,他身边的人工作也许比他更轻松,他也许要承担别人轻视的目光,也许他急需一笔钱……这些都足以使他愁眉深锁,应付着忙完手上的活计——毕竟,那不是什么需要技术的活计。在这种情况下,有几个人仍然能一心一意对待手中的工作?那需要克服多少诱惑与浮躁?

现代社会,人心越来越浮躁,很多人以金钱为考量一切的标准,在职场中总是迫不及待地跳槽,迫不及待地改换门庭,为的是得到更好的机会。很少沉下心认真做一件事,争取做到尽善尽美。在他们看来,现在的一切都是跳板,保留实力才是最重要的。在这个思想的指导下,所有的追求都有了功利性,为了一个性价比更高的活计,人们很容易放弃手头的东西。

浮躁的追求,只能得到浮躁的结果。就像一个美人想要自己更美丽,却不修养自己的心,而是拼命用服装、首饰装点自己的外在。有一天,时光拿掉了她所有的装饰,懂得内外兼修的人,仍是一棵吸引他人的树木,而那些浮躁者,只留一个光秃秃的躯干,无人愿意多看。

爱因斯坦要去美国的时候,他的朋友都劝他注意一下自己的形象,爱因斯坦说:"这有什么可注意的?反正纽约根本没有谁认识我。"

后来,爱因斯坦出了名,依然不注意自己的外表和装束,朋友又来劝他:"现在你是名人了,总要注意自己的形象了吧?"爱因斯坦说:"这有什么可注意的?反正全纽约的人都习惯我这样了。"朋友叹了口气,自叹弗如。

注意外表并不是错误,特别是在交际场合,整洁的仪表是对他人的尊重。但是,人的追求各有不同,有些人偏偏不重视外在的东西,不愿意任何事耽误他对事业的追求，这种心态更为难得。像爱因斯坦这样的人，身上没有一丁点的浮躁气息，没有人知道也好，所有人仰慕也好，他们的态度都和以前一样，那种专注不随任何事改变，这就是真正的智慧。

克制浮躁的心态并不简单，特别是身边的人都在浮躁，你不浮躁，只会显得格格不入。但人生需要一个底座，就像挖得越深越大，池塘聚的水就会越多。底座在人的视线以下，从来不显眼，开挖的过程又很艰苦，于是，很多人放弃了开挖的机会，谁愿意走出别人的视线？那意味着被人遗忘。这也注定了他们只能成为舞台上报幕的配角，虽然看着光鲜，主角一出场，他们就再也没有存在感。

真正的境界就是平常心，对待任何事都能视若等闲，并非不认真，而是一视同仁，完全摒弃功利与虚荣，注重最本质、最本真的需要。一份工作就是一份工作，没有高低贵贱；一份能力就是一份能力，没有你高我低；一个人就是独一无二的个体，没有谁好谁坏。这样的人，做什么事都能不骄不躁，在宁静的心态中得到成就与他人的赞叹。

9. 成功者的襟怀：放低姿态

书院里有个徒弟桀骜不驯，因为自己聪慧至极，又有老师宠爱，不论做什么事，都是一副志得意满的样子，尤其爱争强好胜。每个月，书院会组织学生一起研讨，他总是在别人说话的时候吹毛求疵。如此几次之后，书院里的老师决定给他一个教训。

老师命弟子们每天都要去山后的一座小屋，给住在那里的一位老师送吃食。老师住的地方房屋低矮，门更是又低又挤，第一天去的时候，徒弟被门壁狠狠地磕了一下脑袋，一连几次，习惯昂着头的徒弟不是撞了门，就是撞了手，他向老师抱怨，说想要换个差事。

"什么？"老师不悦，"无知的东西，你可知那里住的是谁？那是书院里最有学识的前辈，我让你每天送吃食给他，是给你一个向他讨教的机会，你竟然如此不知珍惜！"

看老师发怒，徒弟连忙说："为什么这样的前辈会住在那么低矮的屋子里？"

"是啊，智慧最高的人都知道矮屋子即可住人，那些眼高于顶的人，即使头撞了门框，也依然不知眉眼高低，真让人无奈啊！"老师不客气地说。

在别人面前，人们希望尽量抬高自己的身份，让别人认为自己与众不同。有些人没什么能力，摆了姿态滥竽充数，能骗一个是一个，这样的人过不了多久肯定露馅。更多的人是肚子里有几点墨水，身上有些技能，觉得自己高人一等，这才开始摆姿态。就像故事里的徒弟，眼高于顶，却有眼不识泰山，难怪一次次碰壁。

人们为什么不肯放低自己的姿态？究其原因，是不够自信的缘故。他们端着架子不肯弯腰，就是为了别人始终看着他们。而真正有实力的人反倒不在乎这些，他们起立或者弯腰，都是一种姿态，起立的时候，人们看到的是他的耀眼之处；弯腰的时候，人们赞他们谦虚；有时候他们还会跌上一跤，尽管有人嘲笑，但更多人认为这是事实，而且当他们毫不在乎地站起来，人们更明白为什么他们是成功者。

能够放下姿态，也是个人襟怀的体现。就算别人真的不如你，你又何必一定要摆出比他人高一等的样子？就算你没有那个意思，别人也认为你是在显摆，这无异于在替自己拉仇恨。何况别人真的比你差吗？就算他在某些方面远不如你，总有一方面比你强，就为了这点高明，你也该尊敬别人，不要以为自己十全十美，更不能看不起他人。

一次市级羽毛球比赛结束了，获得冠军的那位运动员正在接受记者们的采访，人们问他获胜的心得，他说："我认为这次胜利并不完美，因为我一直以来的对手郑先生因病没有参赛，大家都知道他的实力，如果他参赛，也许站在这里的人就会换上一个。"

在场的记者和观众热情地为冠军鼓掌，冠军的话，非但没有降低他的光彩，反而让人们看到了他更加高尚的一面，这样的人，才有真正的胜利者风度。

什么是风度？胜利的时候不是扬扬得意，看到自己的不足，看到对手的努力与优点，给失败者以掌声，而不是嘲笑对方一败涂地，这才叫完整的胜利。那些看不起对手，看不起别人的胜利者，胜的是场次，输的是人格。想要拥有真正的成功，一定要有成功者的襟怀：成功者，最重要的不是赢得起，而是输得起。

人们总希望自己有"身份"，因为身份决定身价，这种愿望多数时候是可爱的，如果与虚荣心结合，就会让人面目可憎。习惯高高在上的人，再也走不下来，他们的路越来越险，甚至只有一条，还是死路。比起那些漂浮在天空的张扬者，有智慧的人宁愿自己低一点，再低一点，最后低成滋生万物的大地，如此一来，未来才能有更多的可能，让自己随意绽放。

10.
生命的本质是不断行进

老师父带着小徒弟经过一处码头,一位老船长正在命令船员装载货物,检查桅杆和船桨。小徒弟年纪小,好奇地问:"您这样老了,为什么还要去远航?是为了赚钱吗?"

老船长用慈祥的眼神看着小徒弟,对他说:"你师父一定看过很多诗书吧?"

"对啊!我的师父几乎看遍了书院中所有的藏书!"

"那他现在还看吗?"

"看啊,我们正要去扬州的书院,师父要借阅那里的诗书!"

"这就是我为什么要出去远航。"老船长说。小徒弟不明所以,老师父说:"记住这位老船长的话,对你大有裨益。"

老船长的话究竟有何玄机,让老师父如此肯定?因为老船长的话涉及了生命的本质。他去远航,是为了实现自我,不停止人生的追求。不论船长还是老师父,他们都在自己选择的道路上,走向更远的地方,他们知道,生命是一个行进的过程,停滞不前的人,享受不到最高的快乐。

在普通人的意识里,劳作是为了更好的休息。我们之所以付出那么多的辛苦,就是为了得到一个供我们安静休息的空间。有些人努力一辈子,只是为了到老能够颐养天年。但对智者来说,他们的认识正好相反,他们认为休息,是为了更好地前进。在他们广阔的视野中,未知的领域太多,吸引他们好奇的东西也太多，他们想要了解得更透彻，就不得不继续前行，年龄大了不要紧，不过走得慢一点，只要脚步不停，每一天都是进步。

有梦想的人是可爱的，他们永远对前程充满期待，在他们看来，人的生命就是一个不断扩展的过程，眼光看到哪里，就一定要到达哪里，生命不息，前进不止。每个人的"前进"内容都不同，有些人是事业上的不断迈进，有些人是学识上的不断丰富，有些人是阅历的不断增长，总之，最幸福的人生就是在你最在意的方向上一直迈进，没有片刻停止，那就是你所能达到的圆满。

人们对宇宙的认识，至今还在不断改变。远古的时候，人们认为地球是宇宙的中心，所有星星都围绕地球旋转。后来，天文望远镜被发明，人们看到了更遥远的星星，宇宙成为有九大行星的太阳系。

随着现代天文学的发展，人们看到了银河系，看到了河外星系，谁也不敢说宇宙里没有其他高等动物。现在，人们已经能够登上月球，探测火星，在不久的将来，宇宙之谜将被更广泛地研究，人们的认识也会更进一步……

风物长宜放眼量。人的认识是一个不断进步的过程，不只是天文学，每一门科学都不断推陈出新，老观念不断被时代淘汰，新观念迅速被接受，如果故步自封，只会被时代抛弃。人的成长成熟也是如此，唯有接触更高深的学问，更广阔的社会，才能保证自己的认识不停留在肤浅的一角，经历越多，接受得越多，得到得就越多。

一路走来，生命中的风景不断变换，我们对自然的体会，对人情的体察，对自我的发掘越来越深入，我们能够感觉到自己心一天比一天大，越来越愿意接受新鲜事物，甚至感叹生命有限，不能将这个世界看到最后，甚至有些不甘，只能在还有力气的时候，多看一些，多想一些，也算没有白白来世上走一回。

还有一些人，走到一定程度，就再也不愿意前进。也许是长久行走让他们疲惫，也许是灵魂的惰性让他们想要享受一些安逸，这只是一种个人选择，无可厚非。但这休息如果太久，就会让人怅然若失，觉得生命少了很大一部分。就像那些退休后的老人，他们做得最多的并不是享清福，而是怀念有工作的日子，那是他们的价值所在。

　　对于生命而言，真正的休憩是死亡，到了那个时候，你再也不会有站起来的机会，那时，你会不会后悔活着的时候没有努力把握时间，去做自己想做的事？我们一定要清楚，总有一天我们会有漫长的休息期，在那之前，走到自己能够到达的最远处，将能够接触的世界，全部放进自己的心胸，让这些最宝贵的回忆陪伴自己，直到最后。

第五辑
生活总有生生不息的希望

生活就是这样,如同有阴影的地方就一定有光,它总是在不知不觉间为你带来希望,比如每一天升起的太阳,比如每一个寒冷冬日的暖汤。

你绝望,并非人生真的绝望,而是你放弃了寻找。

路再长再远,夜再黑再暗,有希望,你总能寻找到光明的方向。

1. 每一天都是一次新的开始

一个想要轻生的青年要跳崖，被一个好心的路人拉住。路人把受伤的青年带到自己的家里，又亲自给他治伤，青年面带愧疚，却还是双眼茫然。

第二天早上，路人去给青年送早饭，青年一夜没睡，低着头坐在床边，似乎在想什么伤心事。很久才说："我做生意失败，把家里所有钱都赔光了，我没脸去见父母。"

"你为什么会这么想呢？"路人问道，"你说你失去了一切，可是你明明坐在这里，你的父母正在家里等你。"

"可是我失败了，我再也没有能力站起来了。"青年说。

"一天中最黑暗的时候就是深夜，这个时候，我们完全看不到太阳。可是你向窗外看看，太阳已经升起来了，它每天都会升起来。"青年顺着路人的目光，看着窗外的太阳，突然觉得自己的经历也跟着变得轻飘，没有什么大不了——人往高处走，才是他应该做的。

一日之计在于晨，每天早上拉开窗帘，看着高升的太阳，就会觉得心情也跟着升了起来，这是路人想要告诉青年的道理。生命就是这样周而复始，你经历痛苦的时候，太阳也在升起，为什么不趁着此时改变自己昏睡的状态，把昨日抛在脑后？每个人都需要朝气，需要在一天开始的时候，相信自己将有新的作为，更进一步。

不过，也有一种人总是死气沉沉，他们从不肯抬头看看太阳，也不会留意身边充满生命力的人群和事物。他们喜欢沉浸在某种情绪中，或者只想着心头的压力。还有些人对什么都提不起兴趣，总觉得生活没意思，恨不得一天马上过去。他们缺乏活力，缺乏对外面世界最基本的好奇心，他们的人生就像一潭死水，不想也不能溅起涟漪。

活力对一个人意味着什么？意味着生命。活力是大雨之后的天晴，把阴霾一扫而光，让天空重新放亮。没有活力的人，就像阴雨天，并不是缺乏情致，有时甚至也有赏心悦目的一面，但他们的底色终究是晦暗的，别人能够赤足走在阳光明媚的沙滩上的时候，他们只能穿着沉重的雨鞋，用雨伞遮去视线，将风景封锁大半，呼吸的全是潮湿，留不下足迹。

在一个驿站，一个男人风尘仆仆地走了来，坐下喝了一杯茶。他神色抑郁，似乎有什么难以言语的苦衷，仔细看却发现也许不是苦衷，只是一种无奈和疲倦。这时，天下起了大雨，驿站里的过客们只好叫了一壶茶，聚在一桌闲聊打发时间。

众人说得起劲，男人却一直没有开口，还是一个老者问他："你似乎有什么伤心事，敢问你要去哪里？"男人说："我的确有想不开的伤心事，也不知该去哪里好，只想到处走走，忘记这件事再回去。"老人问："那你忘记了吗？"男人摇了摇头。

座位上有个笑嘻嘻的胖子，他对男人说："是什么事这样想不开？我大前年死了老婆，前年死了儿子，你看我，不也照样笑呵呵的？"男人不悦地说："那是因为你对他们没有足够的感情。"胖子也不生气，说："我和妻子青梅竹马，她去了，我不准备再娶别人，难道这不是感情？但是，日子总要过下去，你看，这雨不是要停了？"

说话间，大雨已经变小，不一会儿就停了下来，雨后的空气清新宜人，老人和胖子解开自己的马，对男人说："雨停了，你也快上路吧！"男人想了半晌，骑上马，沿着来时的路策马而去。

与其费尽心机地忘记，不如顺其自然地行走。男人是个幸运者，如果没有碰到老人和胖子，他不知还要走多久，才能找到一个答案，而那答案很简单：不论从前如何，今后的日子才更重要。心中的雨再大，也总有停下来的一天，不要忘记接受阳光的照耀，微风的轻拂，还要尽快动身，去寻找新的意义，新的快乐。

保持生活的活力，就是关爱我们的生命。人们常常形容有朝气的人是"早晨八九点钟的太阳"，散发着炽热的气息，能把黑暗驱散，能让悲伤止步。在明朗的心境下，周围的一切看上去都生机盎然，值得探索追寻。于是，他们的脚步总是不能停止，他们的生命始终维持一种上升状态，并保持一定的高度，不允许自己下沉。

保持心灵的活力，才能给智慧提供丰富的土壤。人的心智需要历练，也需要一个乐观的基础。因为在历练的过程中，你看到的痛苦往往多于悲伤，你经历的失败远远多于成功，如果不能及时劝勉安慰自己，就会陷入无尽的怀疑中，放缓甚至停止自己的脚步。人们为什么会变得死气沉沉，就是因为心灵的负载能力有限，经历得多，没有被提升，反倒被压垮。

上升，本身就是一种智慧，都说人往高处走，为的是千峰阅尽，一览众山小，而顶峰的日出是世间最美的景象，在红日喷薄的那一刻，黑夜散去，万物欣欣向荣。如果我们的心灵也像日出一样，还有什么恐惧能束缚我们？每一天我们都可以迎接一个新的太阳，每一天都要展现一个新的自我，有朝气的人，不惧怕任何挑战，随时彰显着生命的光芒。

2. 告诉自己：还有希望

一位朋友来探访一个身患重病的朋友，他的这位朋友得了癌症，在医院里对他说："这么大的年纪，死了倒也没什么，但看到儿女天天为这件事操劳奔波，觉得为了他们，自己也不能放弃。但每一天都忍受着痛苦，不论是身体还是心理，都有点承受不了。"

他听后，说："人的生命不能估测，但有些患了绝症的人，却能活得长久，你知道这是什么原因？不是他们不痛苦，而是他们看透了疾病生死，将它们视若平常，不给自己增加心理压力，反倒是对生活依然充满了希望。如能放下心中的忧虑，带着满心希望去生活，或许痛苦也会随之变少。你不妨一试。"

他的朋友把话记在了心里。回家后，尽量做到笑口常开，每天坚持去附近的公园散步，休息日就和儿女们出去玩。此外，患病的朋友很喜欢国画，又拾起画笔，每天都要画上几笔。三年来，她的病情一直稳定，人也很有精神，一点都不像将死之人，儿女们都很欣慰。

关于希望，有这样一个希腊神话故事：神送给人间很多灾难，但也把希望送给每个人，只是这希望被锁在一个盒子里，如果不能打开，人的生活就只有失望、恐惧、忧伤。古老的故事总是包含深刻的寓意，那个盒子，不就是我们的心灵吗？如果不能打开心扉，释放希望，我们的生活，可不就是被失望、恐惧、忧伤占据？

希望是这世界上最让人欢喜的东西，有了希望，苦难和伤痛就成了暂时的东西，一切都是为了更好的将来，现在所忍受的，不过是必须支付的代价。就像故事里的老人，她愿意忍下身体的疼痛，愿意放下来日无多的忧虑，努力去做力所能及的事，于是，在疾病缠身的晚年，她仍然过着充满活力的生活，这就是希望的力量。

与希望相对的就是绝望。当一件事让人觉得再也没有翻身的可能，已成定局，人们一分一秒地等待结局的到来，先是失望，再是不甘，失望与不甘夹杂的情绪，让人度日如年，这时，最坏的一种结局降临在头上，那一刻的感觉就是绝望。如果一个人常常处在绝望之中，心灵就会变成沼泽，让一切愿望沉没，更不会有希望诞生。

国王的儿子自小体弱多病，有巫师预言这孩子只能活到15岁。小王子从小就郁郁寡欢，记事后更生活在死亡阴影中，眼看儿子越来越瘦，国王和王后求神拜佛，只求神仙能保佑自己的孩子，让他能够平安长寿。

这天，一位须发皆白的老人出现在王宫外，他说："我听说你们希望王子平安长寿，这并不是没有希望，我今天就是来告诉你们一个法子。"国王和王后连忙询问，老人说："天机不可泄露，需要王子本人独自外出向东寻找。"说罢飘然而去。国王和王后虽然担心儿子的身体，但王子执意要出门寻找，他们只好为他准备行装，送他出发。

三年后，王子15岁生日那天，牵着马回到了王宫，他看上去非常健康，朝气蓬勃，国王和皇后喜极而泣，说："你终于找到了那个长寿的法子？"王子说："我什么都没找到，但我一路上心存希望，相信自己能找到。不知不觉，疾病远离了我，我在外面痛痛快快地游历了这么久，现在，我已经完全没事了！"

希望到底存不存在？它总是那么虚无缥缈，从来没有人抓住过，但寻找它的人，却也总能得到回报。就像故事中的王子，踏遍千山万水寻找生命的希望，他两手空空回到王宫，却带来了最珍贵的礼物：他的健康。当我们一次次陷入绝望的时候，总有那些被希望救赎的人对我们言传身教，让我们不要轻易放弃。

也许，希望仅仅是一种积极的自我暗示。当人们说："还有希望、还有希望"的时候，其实心里明白情况非常糟糕，希望极其渺茫，这句话甚至更像一句自我安慰。但放弃了希望会发生什么事？我们会迅速抛掉过去的努力，再也不敢对将来有任何奢求，我们必须完全接受所谓命运的安排，不能做任何改变，像砧板上待宰的活鱼。

希望总在有智慧的心灵萌生，唯有智慧才能开启另一种可能，让人产生奋发图强的念头。多少次灵光一现，那光芒让我们在黑暗中站起身，追随而去，那不就是希望最好的影像吗？在绝望的时候，不要放弃，多多开动脑筋，用你过去的所有经验，用你能想到的所有知识，用你对未来的所有勇气，去创造一个可能，你并不一定是失败者，只要坚持下去，没有人比你更成功。就像鲁迅先生说的："希望是本无所谓有，无所谓无的，正如地上的路——其实地上本没有路，走的人多了，也便成了路。"

3. 你没有理由荒废自己

一个人掉进海里，一边挣扎一边大声祈求上天能救自己。没过多久，一条小船划过来，船夫对他说："快上来吧！我的船虽小，应该放得下你。"那人却说："不，上帝会来救我！"船夫只好划走小船。过了一会儿，又来了一条小船，船夫也想拉那个人上船，那个人仍坚持："不，我在等上帝救我！"小船划走后，那人终于体力不支，沉入大海。

那人死去的灵魂不依不饶地找到上帝，抱怨他不去救自己的信徒，上帝奇怪地问："你为什么会死？难道你没看到我已经派了两条小船去救你吗？"

生活中，我们难免遭遇挫折，让自己变得垂头丧气。一次，两次，我们提醒自己必须鼓起勇气，失败不算什么，失败是成功之母。于是我们站起来了。可是，同样的事重复十次八次，甚至上百次，我们的热情，愿望就像熄灭的火一样，再也燃不起来。我们放下了已经做到一半的事业，扔下了已经努力很久的计划，任自己曾经的心血像杂草一样荒废。人生在给我们机遇的同时，也安排了很多陷阱，落下去，就意味着荒废。

人们一旦习惯了荒废，就会觉得自己不适合做的事越来越多，理想的光芒渐渐消磨，只想如何才能混日子。于是，我们对自己的要求越来越低，做什么事越来越对付，别人对我们的印象越来越差，甚至会说："你变化可真大。"可惜，不管对方是惋惜，还是幸灾乐祸，都激不起我们曾经的雄心壮志，我们再也没有成功的意念。

但是，仔细想想，那些原因真的值得我们荒废自己吗？哪个人的成功都不是大风刮来的，都经历了无数次失败，为什么那么多人坚持不住，宁可当个普通人，也不再去尝试？因为他们碰壁碰疼了，碰怕了，碰烦了。换言之，他们的思想不够坚定，他们并不珍惜自己，在面对困境的时候，他们不懂得如何自救，甚至没有自救意识。就像故事中掉进海里的人，明明有自救的机会，却不知道把握。

很多时候我们没有达成自己的愿望，不是自己的能力不够，而是我们给自己的心理加了太多限制，旁人对我们的行为的评判，也让我们觉得这限制"有理有据"。可是，多一个限制，就是给自己绑了一条枷锁，有一天你会发现你连行动都困难。但只要你想得开，你会觉得以前的想法有点可笑：为什么当初以为自己不行？

挣脱自我限制的方法只有一个：说服自己再来一次。无论想做的是什么，不论想要的是什么，将自己当作一个初次参赛的选手，在乎经验而不是结果，让自己的心始终像一个被倒空的杯子，随时能装进新的东西，拥有这种"随时再来"的心态，你即使没有达到想要的结果，也能有其他收获，例如，经验、机遇、其他的可能。

善待自己是最高的智慧，荒废自己是最低级的愚蠢。我们只有一次生命，没有任何理由去浪费，旁人如果阻挠我们，我们知道反对；环境如果阻挠我们，我们知道克服。最怕的就是自己阻挠自己。千万不要给自己的心罩上一个罩子，看似安全，却扼杀了自己奋发向上的能力。拥有一颗乐观向上的心，才能不断战胜自我，一步步成长。

4. 在正确的方向努力，就会有回报

春秋末年，王室的权力已经式微，诸侯国崛起，经常互相争斗，是一个混乱的时代。孔子就诞生在那时的鲁国。孔子创立儒学，提倡仁政。他带着自己的弟子周游列国，向君王们讲述自己的治国理想。但是，在乱世，没有人愿意听他那套带不来土地的大道理，孔子只能从一个国家到另一个国家，有时候还被人嘲笑："惶惶如丧家之犬。"

对待别人的嘲笑，孔子并不解释，但他从来没有放弃过自己的努力，他相信总有一位君王会重用自己，即使当世的条件不允许，后世的君王也会被他的学说打动。他想得没错，从汉朝开始，儒学成为中国的显学，历代帝王都从孔子的思想中汲取智慧，治理国家。

孔子是自信的，即使他屡屡碰壁。有时候成功需要的不只是努力，还有耐心。这个耐心等到的可能不是时机，而是他人的不理解和敌意，孤军奋战的寂寞，对自己越来越多的怀疑和不自信。这些，孔子能够忍耐。人们说孔子是"万世师表"，他身上值得我们学习的智慧，的确不胜枚举。

很多人不相信"天命"，但有时却也忍不住把"命运""机遇"这些词挂在嘴边。对这些玄而又玄的话题，你相信不相信，结果都一样——在正确的方向努力，就会有回报。有人说这话不对，比如历史上的岳飞，他是努力的，方向也是正确的，结果怎么样？但是，岳飞死后，后代对他从未间断的敬仰，在他的激励下坚持的爱国思想，难道不是最好的回报？回报不一定与努力一一对应，它也许换了形式，但分量却不轻，对得起你的努力。

最怕的不是失败，而是遗憾。失败了之后，只要继续奋斗，总有崛起的一天——失败不是结束。遗憾却是没有努力做过，再也没有机会，只能一次次后悔当初为什么没能努力。失败的人和遗憾的人最大的区别在于：失败的人能够接受结局，遗憾的人一直无法接受结局，他们总是不断在幻想中回到从前，试图改变，实际上却徒劳无益。

一位老人的喉咙突然出了毛病，儿女们奔走求医，先在市里找到权威医生确诊，然后买最贵的药，可惜，没能让老人的病有所好转，只能维持不恶化。

儿女们不甘心，就到上海找更好的医生，继续治疗。可是，情况依然没有好转，这时老人说："我们已经用着最好的医生，最好的医疗条件，也从来没有耽误过医治，在这种情况下，除了精心调养，不必做更多的事了。"儿女们仍在着急，老人却已经开始每天悠然自得地练习太极拳。一段时间后，老人的病并没有恶化，儿女这才放下心来。

在能力尚未用尽的时候，千万不能放弃，这就是"不认命"，不认命是一种态度。尽最大的努力，然后顺其自然，不再以人力勉强什么，这是"认命"，认命是一种智慧。我们的力量有限，能够掌握的东西并不多。就如我们勤于锻炼，注意预防，在饮食上懂得搭配营养和节制，但我们能够保证的也仅仅是个人的健康，不能阻止身体的衰老，不能抵抗突来的大病，不能拒绝必然的死亡。生老病死都是自然规律，不认也要认。

每个人都不是万能的，并非想做什么就能做到什么，有些人即使费尽心力，依然得不到想要的结果，这时候，接受这个现实就是一种智慧。也许你会不服气，是啊，怎么会服气，那么多心血竟然白白花费。可是，不行就是不行。当然，也不要因此认为自己不中用，绝大多数人会失败，都是因为他们在不恰当的地方坚持，就像在一块旱地不停地种水稻，这种坚持本来就是错误的，怎么能成功？

我们的生命是有限的，想要完成的事情很多，却不一定有全部的时间。所以，只能抓紧每一分每一秒，每一个机会，专注于当下，就不必为未来着急，不必为结果担忧。只要自己不遗憾、不后悔，什么事都可以顺其自然，即使有了挫折，也不会构成大烦恼。这样的人生，因为少了心理上无谓的重担，一心想着自己的目标，而变得更有质量。不疾不徐地走每一步，认命也不认命，命运自然不会亏待你，这就是做人的道理。

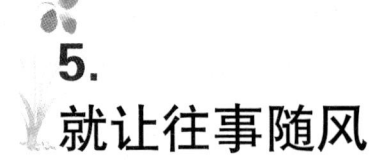

5. 就让往事随风

《列子》中有一个故事，说的是有个宋国人患有严重健忘症，每天晚上都会把一天的事都忘掉，做过的事也记不住，走过的路也茫然无觉，不过，他每天都生活得很快乐，飘飘荡荡，潇洒自在。

有个神医听说这件事，妙手回春医好了他的病。宋国人突然觉得天地间无一事不烦恼，无一人不可疑，他把过去几十年的喜怒哀乐统统记了起来，每天都被这些回忆反复折磨，变得暴躁易怒，不是打自己的妻子儿女，就是打自己认识的人，原本平静的生活再也不复存在。

人的记忆是个奇怪的东西，很多事明明过去很久，但想起来的时候历历在目，不但场景在脑海里浮现，连当时的心情也涌了上来，或悲或喜，令人唏嘘愤怒。人们习惯记住那些重要的事，也有人事无巨细，都记得一清二楚，每天花很多时间整理消化这些回忆，就像故事中的宋国人，越是回忆越是暴躁，恨不得丧失记忆功能。

回忆往事的时候，有的人咬牙切齿，想到当时的自己软弱了、无能了、被人伤害却没有反击，不甘心的感觉就会折磨自己，恨不得时光立即倒转，找那个让自己受委屈的人说个分明；有的人痛苦不已，因为辜负了他人，辜负了选择，对比现在的生活，更加知道失去的那一份是多么可贵……过去总是让人反复纠结，一遍遍回味心中的苦楚。

悲伤的回忆让人心酸，美好的回忆也有负面作用。因为越是想念当年的美好，越是挑剔现在的不如意，似乎一辈子的好运气早就在当年用尽，现在只能捡一点运气的残渣供自己利用。如果现在生活得好，任何记忆都会成为一种调剂；生活得不如意，任何记忆都是一种折磨，可惜，十个人里有七个人都觉得自己不如意。

失眠几乎成了现代人的通病，人们吃得饱穿得暖却睡不好，因为心里总有太多事压着。

华华最近每天都失眠，因为她一闭眼，就会梦到自己的妈妈。妈妈去世已经十年，华华也早已成家，但是，最近她总是梦到高中的时候，妈妈在清晨敲她的门，告诉她早饭已经做好了，该起床了，那温柔的语调似乎就在耳边。每次醒来，华华都会抱着被哭上一场。

华华将这件事告诉朋友，朋友认为，这是因为华华最近的生活颇不快乐，她和老公关系不和，近日已经分居，所以才会加倍怀念曾经疼爱自己的妈妈。华华越想越觉得有道理，妈妈毕竟不在了，自己很快也要再次独身，这个时候，她多么希望妈妈像从前那样，安慰爱护自己，在自己筋疲力尽的时候做一顿早饭……

在记忆面前，每个人都像失去妈妈的孩子。不论记忆是好是坏，那段时光都已一去不回，那结果也不可更改，人们常说往事如烟，但那烟却久久不能散去，纠缠在人们的脑海里，出现在梦里，生动直白，每每让人看到自己的渴望，却再也没有机会得到。每一个清晨，阳光带来的也不再是希望，而是提醒自己离过去更远了一步，更加失望。

过去的经历难免影响今日的朝气，有时候我们需要懂得如何遗忘。遗忘是一种能力，对往事，糊涂一点，让它的轮廓朦胧一点，留个大概意思在那里即可，不需要工笔细描，连头发丝都勾勒清楚，那岂不是要耗费你太多的脑力和精力？而这些东西，你理应贡献给自己的明天，否则你只能永远活在过去。

忘不掉过去，就更要为明天的回忆负责。智者会将自己的记忆妥善归类，那些美好的归为一类，鼓励自己对生活的热情与信心；那些各种方面的失败归为一类，为的是整理出经历；那些遗憾再归为一类，以此确定未来的目标，弥补人生的缺陷……所有过去都是一粒种子，开出毒草还是花，取决于你今日的浇灌。不如潇洒一点，在每天拉开窗帘的时候挥别那些梦魇一样的过去，你看，美好的未来，不正像窗外的花朵一样，展现在你的眼前？

6. 战胜自卑的努力都有价值

从前，有一位禅师年轻的时候，曾生过一场大病，他在病榻上躺了大半年，即使后来好了起来。不但行动不便，记忆力受到了很大影响，连说话都有点费劲，他觉得自己成了一个废人。父母看他这个样子，只好送他出家，希望得到佛祖的庇佑。

禅师是个有慧根的人，从小就清心寡欲，现在进入佛门，也算得其所哉。但他却很难高兴，因为他觉得自己和别人差得很远，别人用几天弄明白的经文，他却需要一个月。他很灰心，但他的师父却说："不要觉得自己不如别人，如果你这么觉得，你就会真的不如别人。"

师父开始带着禅师来往于各个寺院，总是让他去向人讲述自己的理解。最初，禅师的拙口笨舌受到别人的嘲笑，但师父不肯"放过"他，带他出去的次数越来越多。师父如此重视，禅师也不敢怠慢。渐渐地，禅师因对佛经的独特理解渐渐出名，到了中年，他已经成了远近闻名的禅师。他很感谢师父带领自己走过了那段阴暗消沉的自卑期。

自卑的人，总在贬低自己，无形中，生命也跟着贬值，一切努力都像是不值得。故事中的慧能的确有自卑的理由：生病、反应慢、不聪明。但他的经历也同样告诉我们，自卑的人不是不能成功，关键在于他愿不愿意去克服这种心理，尝试改变自己。世界上又有哪个成功者天生自信？大家都是克服了内心的不确定，才能勇往直前。

自卑的人少有慧心，因为他们总认为自己"不行"，根本不相信自己的主意，也不敢把自己的感想大大方方地说出来。他们对所有看到的事都处于"不确定"状态，总想看看别人怎么说、怎么做，这样的人如何让智慧生根？唯有相信自己，才能把一个念头牢牢"种"下，在心灵中滋长，而自卑，只会让这些有灵性植物枯萎。

　　自卑的人不尊重自己。也许有人认为这句话太过小题大做，但是，生命来之不易，生活来之不易，你不去努力，只会缩在自己的角落里消沉，辜负了父母和亲友们的殷殷期待。自卑的人总有这样一种心理，就是觉得别人都在讨厌自己，都在注视自己的一举一动，企图找出错误来嘲笑，其实别人并没有这个意思，甚至根本没有注意到你。何况，你自己都不喜欢自己，怎么能让别人来喜欢？

　　有一个男孩，他从小就残疾，走路一瘸一拐，经常受到旁人侧目。幸好，他有一个好妈妈，妈妈总是告诉他："每个人都有存在的价值，不管遭遇什么，生命永远不会贬值。"

　　在这样的教育中，小男孩一天天长大，而且，他很优秀，弹钢琴弹得非常棒，人们常常入迷地听他的琴声，忘记他走路的样子。

　　命运是残酷的，有一天，小男孩遇到了意外，左手不能再自如活动，他再也不能弹钢琴。在绝望中，他想起妈妈的话："生命永远不会贬值。"他想到小的时候，他曾想过去学画画，那么，不如就拿起画笔吧。

　　虽然只有一只手能够灵活地使用画笔和颜料，男孩还是在一天天努力，调出最能抓人眼球的色彩，他的画功不是最好的，却总能让人眼前一亮。他相信自己会画得更好。他不能开自己的音乐会，一样可以开自己的画展，他的价值，会被更多人知道。

　　有些人有足够的理由去自卑，例如故事中的小男孩，他似乎常常被命运抛弃。但是，他的母亲教导了他更重要的事：人活着要珍惜生命。只要努力，生命不会没有价值。如果易地处之，我们遭遇到小男孩的不幸，是不是会像他那样坚强，还是随波逐流，再也不肯站起来，任由自己消沉下去？

人们总是强调生命质量，自卑就是对自己的贬低，直接导致生命的贬值。也是，你明明是一张百元大钞，却偏偏说自己和货架上的几个酸果子等价，这还能不贬值？而且，常常小看自己，你会越来越没朝气，甚至没有走出屋子的勇气。看到阳光，想到的只会是自己的灰暗，这样的生活不累吗？为什么不试着摆脱自卑，给生命增加一些色彩？

我们需要学会的，是善待自己的生命，随时随地寻找自己的价值，承认自己的价值。要相信自己是一匹千里马，努力磨炼自己。更要懂得跳到伯乐面前，让他发现自己。有时候伯乐会摇摇头，这时候也不要气馁，也许你恰恰不是他需要的那匹，或者你还不够条件，那就继续加油好了，总有一天，你也能脱颖而出，长久地占据他人的视线。

7.
就算全世界否定，至少你相信自己

有个旅游区有一处悬崖，山壁陡峭，但山上有个古书院，很多人都希望去参观。一些人看到那不甚倾斜的山壁就望而却步，选择走大道，只有少数人为了表示自己的虔诚，试着攀上山岩，进入古书院。

让游客们惊讶的是，那些书院中的弟子每天都从山壁上来回，他们看上去非常轻松。而且，就连年老的弟子都能很快攀上去。一个游客向这些弟子请教秘诀，弟子说："哪有什么秘诀，是个人就能上去，你不要把它当一回事，心理自然就轻松了，不信你试试。"

几个游客听了，下定决心，根本不管陡峭不陡峭，大步往上走。果然，那些滑梯一样的岩壁走起来并不困难，很快，他们就到达了书院。

自信是什么，自信就是面对困难，"不要把它当一回事"。悬崖也好，峭壁也好，别人能够走上去，你就能够走上去，因为你不比别人差。这就是做人最基本的自信，成功需要的就是无坚不摧的自信，每一份成功都来之不易，不知要战胜多少困难，那个走到最后的人，不会畏缩，不会犹豫，他们始终都在前进。

当然，人与人的差距是存在的，有时候别人做着很简单的事，到了你这里就成了大难题。这是一种无奈，但却不是你自卑的理由。就像一个语文成绩不是很好的理科状元，就算没有饱读诗书，也不用为自己不会写诗自卑，因为不知道有多少数学零分的文科天才，羡慕他那高高在上的数学成绩。每个人都有自己的优势，这才是自信的源泉。

在一个人确立目标之后，自信就变得越发重要，因为，在具体执行自己的计划时，总会碰到这样那样的变故，让人手忙脚乱，甚至怀疑自己努力的意义，这个时候，自信就像加油站，能把开不动的汽车重新填满汽油，让它能够加大马力，一举突破困境，继续飞奔。自信的人不会低头，面对困难，有时候甚至会兴致勃勃，因为他们随时能够补充能量。

比尔从小就是个让父母操心的孩子，他很任性，想做什么就做什么，但是，比尔并不是坏孩子，他对人有礼貌、有爱心、很受欢迎。就是在某些问题上，他坚持自己的意见，从来不听别人的劝告。在考高中的时候，父母老师都劝他不要报得太高，也许分数不够，但比尔却填了全省最好的一个学校，结果，他考上了。也许就是这样的经历，让他更加相信自己。

后来，比尔上了大学，麻烦又来了。比尔听说有个专业很好，就考了进去，但他发现自己对专业课程没有任何兴趣，勉强学习半学期，他再也学不下去，就跟父母商量要换一个专业。父母都不同意，因为比尔的专业是就业率最高的,怎么能换成一个听都没听过的冷门专业?可是,比尔再次发挥他的不听人劝的任性,自己和学校反复沟通,转了专业。

毕业后,冷门工作果然不好找,但比尔毫不灰心,对父母的唠叨也不在意。他在家里待业半年,终于等到了一个职位。因为比尔基本功比别人都扎实,而且想法多,他很快在那个行业崭露头角。父母对比尔的成就表示祝贺,他们对人说:"比尔最大的特点,恐怕不是突发奇想,而是对自己的准确把握和自信,这让他做什么都容易成功。"

就像森林里没有任何一片纹理相同的树叶,世界上每个人都是独一无二的,他们可能会有缺点,可能会显得平凡,但每个人都有自己的优点和潜能。要相信世界上没有废物,只有放错位置的天才,在一个领域做不好,不代表一切事都做不好。就像故事中的比尔,在原专业学习,他连听课的兴趣都没有;换一个专业,他就是第一名。

那么,我们如何才能拥有自信?自信就是鼓励自己。不管做什么,不管面对什么情况,要对自己说:"我一定行。"千万别让自己泄气,觉得自己一定会出问题。解决困难有时候就像走钢丝,你心无旁骛,目不斜视,很快就走了过去;但是,如果你左顾右盼,总怕哪一边吹来一阵风,或者担心踩空,总是盯着自己的脚,那你走过去的可能性就会大大降低,更大的可能是直接跌下去,摔得鼻青脸肿。

尝试那些自己不敢做的事,也是一种建立自信的好方法。很多事看上去困难、危险,你实际去经历了,发现也不过如此。这样的事做得多了,你会对自己的能力越来越有信心。不管做什么,都要告诉自己勇敢一点,积极一点,并相信别人能做到的,你也一定能做到。把事情做好需要经验和头脑,但把事情做到,最重要的是坚持,你觉得自己能坚持不下来吗?

在生活中,不管发生什么,都不要丧失对自己的信心。信心最初只是一个信念,并没有根据,只有你相信了,努力了,才能在它的鼓励下尝试各种事物。有朝气的人不能垂头丧气,失败一次,就告诉自己有了这一回的经验,下次更加万无一失,只要你坚持到底,你就会成为胜利者,而胜利,又会成为信心的新来源,人生就这样步入一个积极的循环,让你一次次走向更高更远的地方。

8. 请别说:这就是命

很多人对现状处于"认命"的状态,抱怨来抱怨去。当然,有些事不可逆转,的确无法改变。但多数时候,事在人为,没有那么多"这就是命"。我们总是听到有人抱怨工作,这些人中,有多少个愿意慢慢积聚自己的力量,改变工作状况的?又有多少个点滴经营,靠着自己的努力把环境变得更有利于自己发展的?

对于生命,有些人的想象力是贫瘠的,他们根本没想到自己的生活还有另一种可能。一个不相信未来的人,没办法拥有未来,因为机会到来的时候,他总在怀疑,或者干脆视而不见。因为内心的绝望、自卑,他们不敢去想,认为那全都是"做梦"。更多人不去想,是因为他们很懒,知道自己想到也不可能做到。为什么世界上的失败者总是比成功者多?就是因为前者只知道想,或者干脆不想;后者一旦有想法,就一定要想办法做到。

星期六上午,爸爸带着小樱画简笔画,爸爸对小樱说:"你将来想过什么样的生活?把它画出来吧!"小樱画了一个有花园的大房子,花园里有一个秋千,还有几只小猫小狗,有爸爸妈妈。她自己在房间里画画。爸爸说："你长大想当一个画家？这是个很好的想法。"

爸爸将这张简笔画找人裱糊起来，挂在客厅里，上面写着：小樱，作于五岁。小樱长大后，觉得自己小时候画画太丑，总想摘下来，爸爸说："不要摘，这张画可以随时提醒你自己的理想。而且，你5岁就画出了这么漂亮的画，难道你不会更有信心吗？"时间一长，小樱也习惯了，每天看着那张画，就像看到了自己的梦想。后来，小樱真的成了一个画家，她相信有一天她会买到那栋有花园有秋千的房子。

小樱5岁的时候，就在爸爸的循循善诱下，明白了梦想的重要性。从小的时候就确立自己的梦想，对今后的生活会产生极大影响。一个有梦想的人，做事更容易积极、细致、全面；而没有梦想的人，总觉得漫无目的，百无聊赖，今天做这个，明天就可能做那个，前者容易持久，后者常常一事无成。

每个人的心中都应该有一个"美好人生"的蓝本，包括你想拥有什么样的生活，想成为什么样的人，有了这些想象，你才能知道自己该向什么方向努力，才能开始为将来做一个详细的计划。当然，梦想是重要的，但不能不切实际，总把一切想得很简单，想当然地认为自己只要向前走就能有锦绣人生，这也是不负责任。

美好的人生不是别人送来的，而是你自己送给自己的。有智慧的人善于为自己刻画"美好人生"，他们会把感性和理性融合，既在幻想中把这份人生想得很美满，又在实际计划中考虑到种种限制和困难，唯有如此，才能保证它一步步变为现实。想要做一个有朝气的人，最重要的就是不能放弃对人生的想象，以及为这想象付出努力，敢想，更要敢做。

9. 没尝试过的事，不能说不行

两个徒弟说起自己的愿望，他们都想去南海上的一座寺院参拜，但是，去南海的路途太远，让两个徒弟感叹。有一天，穷徒弟突然对富一些的徒弟说："我决定去南海了。"

"你去南海？"富徒弟难以置信地问，"我已经准备了两年，都没把盘缠备齐，你怎么去南海，难道走路吗？"

"对啊。"穷徒弟说，"我觉得一路化缘过去就行，我一定能走到那里。"富徒弟差点笑破肚皮。就这样，穷徒弟上了路。

一年后，富徒弟还在筹备去南海的盘缠，穷徒弟已经回来了。他不但顺利到达南海，还在路上认识了很多朋友，在南海的寺院聆听到了高僧的教诲，并把一卷高僧手抄的经书带回来作为礼物，送给富徒弟。富徒弟面有愧色，他决定，不再筹什么盘缠，今天就出发去南海。

很多人做事讲究"万事俱备"。就像故事里的富徒弟，他想去一个地方，一定要备齐盘缠，把能想到的困难都事先想到，确保万无一失，才能出发。而成功者做事和普通人不太一样，他们不是不知道准备的重要，但他们更侧重去尝试，有什么想法一定要马上试一试，大不了打回原地重新开始。换言之，他们身上总是有一种冲劲和闯劲。

人们常常根据往日经验，把事情分为"能做的事"和"不能做的事"，能做的事，他们自信满满，详细筹划，认真执行，一般也能达到不错的效果。

不能做的事，他们自愿绕开，不去理会，只在绕不开的时候才勉强一试，或者找人帮忙，总之，他们不愿意挑战，不愿意冒险，他们最喜欢以安全的方式，取得预定的成绩。

勇于尝试是一种智慧，勇于尝试也能给人带来更多的智慧。我们所谓的经验，常常是指书本上看到的，别人说起的。真要到实际应用上，难免照本宣科，发现与实际并不合，有时候还会走弯路。但自己尝试摸索出来的经验却不同，因为每个细节都在心中，有一一对应的处理方法，再遇到麻烦，就能随机应变。所以，特别是在遇到困难的时候，自己去钻研，永远比听别人说更增长经验。

一个小徒弟正在抄写诗书，这是他每天都要做的事。小徒弟知道自己脑子笨，师父讲的他根本记不住，也理解不了。比起那些侃侃而谈的师兄，小徒弟常常不敢开口。他唯一的特点就是写字认真，因为常年练字，字也写得很好看，于是，就被安排到书院的藏书阁里抄书。

这一天，几个书院举行一次比赛，考徒弟们对诗书的记忆程度，小徒弟的书院里，15岁以下的徒弟都要参加，他跟师父说了好几次自己害怕当众丢脸，师父却说："没关系，你去试一下，不会有人笑话你。"

小徒弟只好硬着头皮报了名。比赛当天，看着前几个选手胸有成竹地走上台，他更加紧张。轮到他时，他差点不会走路。被提问时，舌头都有点打结。不过，老师的问题很简单，他的背诵越来越流利。最后，在大家的掌声中，他稀里糊涂地走下台，立刻有人说："你真厉害！记得住那么多的内容！"

"可是，这不都是很简单的吗？"小徒弟疑惑地问。师父说："你夜以继日地抄写，那些书中的内容早就记在心里了，其他人远远不如你。现在，你已经是这个地方最有学问的徒弟了。"

科学家研究发现，每个人都有待开发的潜能，多数人开发的潜能，不过是他拥有的百分之十，另外百分之九十，全在沉睡状态，或者，我们没有时机发现它们；或者，我们尝试得不够，还没有把它们完全唤醒就已经放弃。我们总是羡慕那些"十项全能"的优秀人才，根本不相信自己也有相同的能力，这真是莫大的遗憾。

很多事都需要尝试，不去尝试，你根本不能确定自己到底能不能做，会做成什么样。要鼓励自己去做那些没做过的事，接触那些新鲜事物，即使你看起来与它们格格不入。其实只要有足够的学习和练习，一个人鲜少有做不好的事，不用担心左试右试却一事无成，只要你认真，你会发现尝试的东西越多，经验就越丰富，思维就越灵活。

尝试不是浅尝辄止，也忌讳浅尝辄止。任何事只在表面看一看，就不能了解；只找简单的部分做一做，就谈不上精通。真正的尝试需要投入精力和时间，不要抱着"玩玩看"的心理，遇到点挫折就扔下走人。应该认真对待遇到的困难，与困难较劲。克服浅尝辄止的办法是确定一个目标，这个目标不要太高，也不要太低。不达到这个目标，就不能撤退。如果达到了，再看自己对事情究竟有没有兴趣和热情，有，继续，没有，就当作一次好玩的经历。

10.
惰性消磨生命的活力

"明日复明日，明日何其多。
我生待明日，万事成蹉跎。
世人苦被明日累，春去秋来老将至。
朝看水东流，暮看日西坠。

百年明日能几何？请君听我明日歌。"

这首诗劝世人一定要珍惜生命，不要在拖延中浪费时间。对那些渴望有所成就的人，"拖延"是个无形杀手，把可以努力的好时机，变成了无限制的推托，然后就是进取心的丧失，是脚步的迟疑，最后他们忘记了最初的理想，变得一无所成。有的人也会为此追悔，但为时已晚。患有拖延症的人有两个特点：

做事喜欢犹豫。拖延症患者们最大的特点就是喜欢为自己找个理由，把事情放一放。乍看之下，他们的理由似乎很能成立，例如"事关重大，需要考虑"，"正在忙，这个先放放"，"想法不成熟，不敢乱来"。但当他们给每一件事都找到这样的理由，就不得不问问他们到底还能做什么。他们经常麻木地任由时机从身边溜过，毫无察觉。

习惯无所事事。拖延症患者最喜欢什么都不做，把悠闲度日当作享受人生，但是，他们总是事与愿违，当他们拖延的时候，并不是在享受，而是不停地担心该做的事，担心事情会不会被耽搁。他们只是担心，却不愿意马上站起来，不到最后一刻，他们就不会催促自己。他们始终处在一种怠惰状态，不愿改变，也害怕改变。

一位新员工正在参加公司的培训，讲师花了半天的时间对他们详细说明工作的宗旨。在这家公司，最讲究"今日事今日毕"，上级在下达任务的时候，就会嘱咐下属先做一个计划表，哪一天完成到什么程度，必须严格执行。一天的事不做完，就加班做完。所以下属们做计划时就会考虑目标和时间，包括休息时间。

新员工很喜欢这种风格，他在学校就是一个喜欢制订计划的人，一本单词书有多少页，一天完成多少，他都心里有数。他相信在这样一个公司，自己一定会如鱼得水。

做计划是个好习惯，执行力更是成功的重点。人必须克服自己心理上的惰性，因为这种懒惰，我们才会失去今天。生命又能有几个"今天"？

有了目标，就要督促自己马上执行。不要以计划为借口，说"还要再想想"，"还不成熟"。那么什么时候能成熟？等你把每一个细节都想明白，日历恐怕要翻过几个月了。何况，再完美的计划也做不到面面俱到，在实施过程中需要不断修改。既然如此，不如有了想法马上着手，一边做一边计划，虽然会有不完善的地方，实际上却节省了不少时间。

有些时候，等待明天的确是必要的，不能急于一时。例如有些困难的任务，的确需要周详的布置，等待他人援手，等待最恰当的时机。这种等待并不是拖延。但是，等待并不是指什么都不做，还可以做些别的工作。那些做事效率高的人，即使在等待的时候也不会错过机遇，他们相信"心动不如行动"，永远不会以"做完这个再去试试下一个"来消耗灵感。

关于生命，应该铭记这样一种智慧：一个人只要不去浪费时间，那么他即使很年轻，也可以说是活了很久。倘若一个人无时无刻不在挥霍生命，即使他活得很长，回过头想想也是索然无味，面对死亡更是忐忑，那一刻他知道自己浪费了宝贵的生命，他会希望时间倒转，重来一次，但是，时间永远不会倒转。

把握今天等于拥有数倍明天。在做事的时候要注意先后，那些困难的事，可以放在一日之内精力最充沛的时候完成，保证效率。让每一天都有充实的内容，都有完整的计划，都有一定的收获，这一天就比昨天做得更好。生命就在这个过程中，一天一天更扎实、更美满。

关于生命与活力，我们总有说不完的话题，但是，它的核心不是哲理，而是行动。不论你想做的是什么，今天就是最恰当的时机。不要等待也不要依靠，你需要的只是日渐丰富的头脑，更加明确的目的，足够细腻长远的想象，以及无畏的勇气和坚定的步伐。有这样的态度，每一天我们都能像崭新的太阳，冉冉升起。

第六辑
在低谷向上而生

人人都渴望成功,

成功固然值得赞颂,但是在低谷中向上而生的姿态却更令人惊艳,

这是行走在理想与现实之间磨砺出的韧性与从容。

1. 从内打破自己

晚上吃饭，老师父问小徒弟为何心神不宁。小徒弟吞吞吐吐，终于说了原委。原来多日前小徒弟上山时，发现一只失去母亲的雏鹰，他看小鹰无依无靠，就给它在山崖上找了一个窝，让它居住，并每日照顾。现在，眼看着大雨将至，小徒弟担心小鹰的性命。

"不必担心。"老师父说，"雄鹰都能搏击风雨，你护得了一时，护不了一生。"

这一夜暴风骤雨。

第二天，小徒弟匆忙赶去山崖，没走几步，就看到一只翅膀长好的雏鹰在湛蓝的天空上飞翔，小徒弟终于相信了老师父的话。

雏鹰的翅膀如何能变得坚硬？要靠它一次次冲向天空，甚至搏击风雨。正如故事中老师父所说，成长是一个人的事，没有人能照顾你一生一世。而风雨，就是锤炼的过程，你经历过，战胜过，就成了强者，就有了更多对抗困难的资本。故事中的小鹰在风雨后飞上天空，现实生活中，人们正是一次次克服逆境，使自己变得优秀。

人们经常为自己的处境产生焦虑心理。世事难以如意，所有的路程都不能一帆风顺，总会出现或大或小的波折，灰心丧气在所难免。特别是自己不论如何努力都做不好，别人却轻轻松松步步高升时，那种焦虑更加明显，足以让人睡不着觉。现代人为什么那么容易失眠？因为他们认为自己机会不多，必须抓紧每一个，所以才会事事担心，希望事事顺利。可是，焦急的结果常常是事与愿违，让他们更加一蹶不振。

美国有个很热的电视剧叫《越狱》，男主角一次次靠智慧越狱，从另一方面证明了人不能屈从于处境，当处境给了你不公，给了你屈辱，一定要想尽办法突破。不论是增加智慧还是增加能力，要用尽一切努力，才不会被处境压垮。有焦虑的时间，不如去动脑筋，去请外援，一次次自伤身世有什么好处？做出一番成就才是最好的选择。

经过十几轮的笔试、面试，小美终于得到了梦寐以求的工作：一家电视台的节目主持人。她很珍惜这份工作，希望做出成就。

可是，刚工作一天，小美就发现这个工作很麻烦，电视台主持人很多，多数都兼任记者，王牌节目只有那么一两个，人人都盯着。小美年轻貌美，刚一进来就让很多人不满。在最初的一个月，小美处处被人打压，做什么事都不顺。因为别人的小报告，小美的上司也对她充满意见，总是批评她，小美本来是个爱笑的人，在这个环境下，她每天都笑不出来。

在这种喘不过气的环境中，又开始有了关于小美的流言，说以小美的能力，根本进不了电视台，她能得到这个职位，是因为台里的一位领导。小美被这个流言彻底激怒，她突然明白自己解释也没用，只有真正地做出成绩，才能堵住别人的嘴。从此，小美再也不理会别人说什么，也不费尽心思和人维持关系，而是专心致志地做自己的工作。她的节目收视率越来越高，关于她的争议也越来越少。一年后，小美在电视台站稳了脚跟。

小美的处境可谓处处不如意，看得出来，她为维持一个好的人际关系殚精竭虑，但是，她的忍耐只会让别人觉得她软弱可欺，更加肆无忌惮地针对她。后来，小美放弃委曲求全，她把成绩当作对流言的回击。小美这样的人是人生的强者，他们能够牢牢地把握命运，不论遇到什么样的困境，都能重新焕发生机。

风雨中，如何保留一颗慧心，让每一次磨难将原本混沌的心境打磨得更圆润、更明晰？这需要你坚定自己的目标，要明白所有风雨不过是锤炼，你不能跟着它东倒西歪，越是猛烈，越要抱定目标，不屈不挠。要知道，在乎流言的人，只能被流言拖着走；在乎成功的人，只会向目标奋起直追，还是那句话，你在乎什么，就决定你能得到什么。

要随时随地为自己增加获胜的砝码。不论是学识上的丰富，还是人际上的圆融，你吸收的东西越多，就能让自己越有分量。这些东西永远不嫌多，只会嫌不够。不要放弃任何一个学习锻炼的机会，即使那会减少你的娱乐时间，打乱你的计划——随时调整自己的能力，才能把握每一个来之不易的时机。

还有，被动地接受锤炼，不如主动锤炼自己。一开始就处在顺境中的人，其实比逆境中的人更危险。他们习惯了风平浪静，走得越远，就越不知道如何应对风暴。而那些从逆境中跋涉而来的人，身经百战，早已习惯了周详布局，临危不乱。在年轻的时候，不要追求所谓的顺利，主动去风浪中心接受最强的锻炼，只要通过考验，你会获得一生中最宝贵的财富：经验、勇气、智慧，还有生生不息、不向任何环境低头的力量。

2.
德行永远是立足的根本

一群年轻人走进书院，向学识深厚的老师询问如何消除心中的烦恼与恶念。

老师没有回答，只是问他们一个问题："如果你们的地里有野草，你们会如何铲除？"

"我会拿铲子将杂草铲掉。"一个年轻人说。

"我会在地里生一把火,把它们烧成灰烬。"另一个年轻人说。

"你们的方法不能解决根本问题,明年它们会再次长出来。我的话,宁可慢一点,将他们连草根一起拔出来。"一个青年自信满满地说。

"你们的方法都不是最好的。"老师说。

"那什么才是最好的,请您指教。"

"如果能在拔出杂草的地里种上庄稼,就再也不会有这个难题,你们觉得这个办法如何?"见年轻人大叹佩服,老师又说:"人的欲念就像杂草,不论什么方法都无法根除,所以,对抗欲念的最好办法,就是培养自己的美德。"年轻人一齐点头,受益匪浅。

道德是人格的基点。人无德不立,不讲究品德的人,就算他的能力再好,也难逃旁人的诟病。历史上有很多名人,有些人芳名远播,有些人臭名远扬,这就是道德上的区别。一些很平凡的人,因为道德上的高尚,也能长久地被人记住,可见人们对品德的重视。有品德的人,就像长满庄稼的田地,不但结出供人享用的植物,还能防止杂草的侵扰。

有位大学教授曾在文章里感叹,说现在的大学生太自我,经常为一点小事吵个没完,缺少公共意识,常常打扰他人而不自知。不说别的,就看每所大学的自习室里那些"占座"的书本,还有根本没人的座位,就能看出现代人的公德心已经缺失到什么程度,想要成为一个有德行的人,必须学会自己教育自己。

自我教育,光看书并不是一个好办法,最简单的办法是为自己树立几个榜样,看看那些真正有爱心、有德行的人平日如何重人重己,如何为人处世。品德问题上,没有别出心裁,只有真心实意,直接向他们学习,这本身就有一种自律。学会了如何做人,不论做什么事都会有分寸、有礼节,让人挑不出毛病,讲不出是非,坚持久了,你自然成为别人的榜样。

国王有一个马夫,驭马技术一流,不管多么暴躁顽劣的马,不消一时三刻，准能被他驯服。他时而用鞭子抽打，时而用草料引诱，时而骑着马消耗马的体力，看他驯马，总觉得轻松自如，叹为观止。国王倚重这个马夫，给了他很多赏赐。

这日国王又去马场骑马，突然看到马夫鼻青脸肿，腿脚也不方便。原来，这马夫喜欢喝酒，喝醉酒又控制不住自己，常跟人发生口角，这一次，他与人当街扭打，国王仔细询问，才知道这种事并非第一次，不禁感叹："驯马容易，驯服自己，却是千难万难。"

一个人想做一件事，最难的不是如何处理事情，再难的事都有一定之规，只要按照规定去做，总有解决的一天。最难的部分是如何控制自己。马夫驾驭马的时候，知道使用什么策略，一旦换成驾驭自己，所有经验都不管用，因为人们习惯迁就自己，放纵自己，谁也不想把自己的生活、搞得像个苦行僧，处处受限。

自由虽好，如果不限定，就会出现意外。人对自己的控制也是如此。有些人放纵自己的念头，不肯听旁人的劝告，走的路越来越歪斜，离目标越来越远，对人对己，都是遗憾。而想要控制自我，非下定大决心，花大力气不可，有时候还要吃点苦头，交点学费。

道德的实质就是一种自我限制，将道德渗透在处世技巧中，是一门高深的智慧。这就是人们常说的："先学做人，再学做事。"任何时候，都不要违背道德要求，这才能保证自己行得端坐得直。与人相处，尊重他人是基础。学习如何与他人相处，也是"做人"的一部分。我们平日说谁谁"会做人"，就是因为他懂得人与人相处的基本道理，能够尊重、体贴他人的需要，不与他人为难，有了困难知道雪中送炭，这样的人，如何不让人喜欢？如果他遇到什么困难，能帮上一把的人，肯定会伸出手，以回报他平日的细心。

道德本身也是一种智慧，它集合了人们千百年来的经验，维持着人与人的和谐与互信，保证生活的稳定与安全。如果每个人都能用道德要求自己，就像戴了一道护身符，你不去害别人，绝大多数人自然不会来害你。道德并非没有功用，它能够保证你为自己做的每一件事负责，让人不会大意轻慢。在学会做人的基础上再去做事，你会发现你站在一个较高的起点，虽然还没有成绩，却已经得到了他人的信任与佩服，提携与指点，因为，没有人能拒绝一个有德之士，同样追求道德的人，愿意扶持你走得更远。

3. 方如行义

唐代有个传奇人物叫李泌，曾辅佐过唐朝四代帝王，又不爱虚名，总是功成身退。在他7岁的时候，就曾引起过唐玄宗与当朝宰相张说的重视。

有一天，唐玄宗与张说正在下棋，刚好有人带7岁的李泌观棋。唐玄宗听闻李泌是个神童，有意考一考他，就命张说以棋为主题，出一个上联。张说是个才子，脱口而出："方如棋盘，圆如棋子。动如棋生，静如棋死。"玄宗叫好，问李泌："你能对一个下联出来吗？"李泌对道："方如行义，圆如用智。动如逞才，静如遂意。"玄宗和张说当即叹服，说："这个孩子应当好好教育，今后必是国之重器！"

一个7岁孩子就能说出"方如行义，圆如用智"，难怪会成为四代帝王倚重的人才。人生就是如此，太柔，会没有力度，像蛇，只能在地上爬行，让人低下头才能看到；太刚，就容易被折断，因为碰到更硬的东西时，永远不知道回避。在性格上，过柔的人让人觉得缺乏原则，没有信用度，太过圆滑；太刚的人则是只知道原则，常常不理会实际情况，太过死板。

太方的人最大的优点是棱角分明，最大的缺点也是如此。就像一个轮子倘若做成方形，它甭想往前动上一步，只有不断磨，将它越磨越圆，才能前进。太圆的人优点是灵活，可以走得很远，缺点是难以在一个地方坚持，因为他们太聪明，聪明得过了头，总是习惯性地往对自己有利的方向跑，结果就是他们总在改变方向，让人觉得没有原则，甚至两面三刀。

在生活中，人们更愿意接触"圆"一些的人，因为他们总能照顾到别人的需求和面子，不会让人为难，比那些认死理的人更好相处。但是圆虽然重要，也不要一味追求，变得圆滑世故，毫无原则。在小事上，你让几步，理解对方，适当降低自己的要求，这体现了你的胸怀。但要是毫无原则地屈就对方，对方不但会得寸进尺，内心还会把你看得软弱可欺，或者是没有骨头的软蛋。

大树和小草正在争论，大树说："你们这些草真是软骨头，风一吹就倒，你们根本不重视品格，为什么你们不能挺直腰板？"小草说："不要以为你长得高，树干硬，就可以看不起我，也不要以为你处处都比我强，不信，你跟我去一个地方，我立刻就能证明。"

"好啊，我不信我还能不如你！"大树一口答应。

小草带大树到了悬崖上，因为海拔高，风非常猛烈，只有一些野草还能生长。大树说："这里不适合树的生长，风会把树折断。"小草说："但是，草可以在这里生长，因为它们有韧性，可以被风吹倒，却不会被连根拔起，现在，你认输吗？"

大树默默地听着山顶的风声，对小草露出钦佩的眼神。

方与圆，是个说不完的话题。成功的人都知道，人想要达到一个较高的目标，是需要一些"傻劲"的，这股傻傻的念头，能帮人抵御诱惑，抵抗困难，就算前方出现拦路的，他们也拼着一口气硬闯。这种硬气，是过于圆滑的人所不具备的，所以一棵树才能从一粒种子长至参天的高度。不过，太过刚强，更容易被折断，所以蔓延最广的并不是大树，而是那些不起眼却有韧性的小草，它们虽然微小，却能保证自己在各个地方畅通无阻。

为人，方是根本。处世，圆更重要。

将原则性与灵活性统一，就是智慧。这个智慧用一个成语概括，就是"大智若愚"。方中有圆，圆中有方，浑然一体，就像古时候所说的"天圆地方"，自然就能承载万物。把握好方圆的平衡，也是一种修身养性，随时提醒自己登高跌重，得意时需收敛锋芒，失意时需养精蓄锐，困难时需迂回渐进，才能在危急时刻保全自己，免遭灾祸。

4. 人人都有一种天赋叫坚持

一位徒弟向老师辞行，理由是自己修行不够，想要出门多多历练。老师说："你书读得很好，但尚未到达境界，这个时候不应该远行。"

"可我觉得自己悟性不够，师兄们看一眼就懂的东西，我怎么想也想不通。"徒弟说。

老师说："你有没有看到书院附近的鸟群？雀儿们飞得低，鹄儿飞得高，可见各人有各人的活法，谁也不比谁差。何况雀儿因为飞得低，经常能得到我们丢下的食物，鹄儿却只能在天空不停寻找，为一顿饱饭焦急，你又何必妄自菲薄？坚持下去，必有大成。"

徒弟相信了老师的话，放下了准备好的行李，仍旧每日读书修行。渐渐地，他靠踏实认真跟上了师兄们的进度，再也不觉得自己比他人差。

人生最让人无奈焦急的事，也许是自己确定了一个目标，却发现所有人都走在自己前面，紧赶慢赶也追不上去。故事里的徒弟认为自己不可能超越那些天资聪慧的师兄们，老师却告诉他一个人有一个人的活法，觉得自己不聪明，就笨鸟先飞，一样能达到旁人的效果。

人生像是一场赛跑，又不是赛跑，因为每个人跑道的长度都不同。在一时之间，也许能够看出高低快慢，但从长远角度，一开始走得慢的，也许是唯一一个走到最后的，或他坚持得最久，开辟的道路最长。所以，完全不用担心你做的事没有结果，胜负只是一时，每个人都会有自己的位置，这个位置，在于你能坚持到哪个地步。

精诚所至，金石为开，凡事贵在坚持。有些事你刚一决定，就有人说完全没有可能，又列举一些你的不足，劝你打消念头。即使你顶住压力迈出第一步，接下来也会发现麻烦困难接踵而来，片刻不让你安生，你应付完一个，下一个已经在等你，当你渐渐不支，旁人摇头叹气的时候，唯有坚持能拯救你。只有不屈不挠地把握最初的方向，不向任何压力低头，你才有突破的可能，这种突破，既能挖掘你身上潜在的能力，又能让你达到梦寐的目标，每个人都在期盼这种突破，但它不是天上降下来的，是你自己熬出来的。

两个青年在森林里探险，结果迷失了道路，但他们的运气不错，遇到了一个钓鱼回来的老人，老人问："你们想要什么？我可以帮助你们。"第一个青年向老人要了一筐鲜鱼，第二个青年却认为鲜鱼早晚会吃完，老人手中的钓竿才能保证自己的食物源源不断，于是他向老人要了钓竿。老人很慷慨地满足了两个人的愿望。

第一个青年有了鲜鱼，兴奋地大吃一顿，攒足了力气走出森林，还把森林里捡到的奇特种子卖了一大笔钱，过上了富裕的生活。第二个青年一定要找到钓鱼的河流，他忍饥挨饿，一路跋涉，当他终于到了河边，身体再也支撑不住，他就这样握着钓竿死在河岸上。

坚持需要智慧和判断力。就像故事里的第二个青年，他相信"授人以鱼不如授人以渔"，要那个能够滋生财富的钓竿，这是利用古老智慧吗？这是照搬照抄的低劣模仿。连性命都有危险的时候，保存实力才是最佳方法，那一篮子鱼，不是让第一个青年逢凶化吉，还过上了幸福的生活吗？坚持没有什么不对，但先后顺序出了问题，就会遇到大麻烦。

坚持不是犯傻，巧干也很重要。一味拼苦功，总有人比你体力好，比你时间多，比你能力强。苦干加巧干，才是成功的关键。哪一种极致的成功少得了智慧的参与？智慧在于创造，在于敏锐发现时机，在于触类旁通，不论做什么事，眼界开一些，想得远一些，无碍你的一心一意，只会使你更用心，更有目的性，把劲道用在最对的地方。

另外，坚持不是死心眼，不是不见棺材不掉泪。一旦发现坚持的方向错了，扭头回原点并不丢脸，只会得到"识时务者为俊杰"的赞扬。把信念放在至高的位置，这种强大的精神力量能够激励你一次次克服艰难险阻，攀上一座座高峰。没有坚持，什么事都干不成，有智慧、有方向的坚持，让你在埋头苦干的同时，所向披靡，成为真正的胜利者。

5.
不是所有固执都有好结果

这一天，弟子们被召到堂前，老师对他们说："我身患重病，就要离世，我要从你们中间选一位掌管这里。"他顿了一顿说："你们现在就去对面的山上砍柴，谁砍的柴最好，我就选谁做这个寺院下一任的掌事。"

弟子们听完后，立刻去后院拿起柴刀，准备上山砍柴。谁知近日下了暴雨，山前河水暴涨，木桥被冲断，附近找不到渡船，弟子们想了不少办法，还是没办法过河，只好无功而返。老师躺在床上一言不发，这时，最后一个弟子回来了，对老师说："师父，最近下了暴雨，我没法渡河上山，不能砍柴。不过，我看到岸边果树经过一场秋雨，倒结了不少果子，我摘了几个顶好的给您尝尝，您一定要宽心养病。"

老师微笑说："万事万物讲究随缘而化，难得你如此机变，今天起，你就是这里的掌事。"

每个人都想拥有一种灵活变通的智慧，能够化绝地为坦途，化困境为机遇，这样才能在遇到困难的时候，及时寻找方法，调整目标，以期达到最初的目的，最佳的效果。做事情的时候，坚持固然重要，更难得的是灵活。就像故事中的小徒弟，看到当时的状况，如果脑筋死不知变通，就会像他的师兄们那样空手而归。

所谓，山重水复疑无路，柳暗花明又一村。在生活中，我们难免遇到各种各样的难关，不是每一次都需要发扬"狭路相逢勇者胜"的精神，拼死拼活地过去。也有人绕一条路，换一个做法，就能省几倍的时间精力达到目的。前者是勇士，后者是智士，后者总是比前者更占上风，自古以来，知识就是力量。

人们总想寻找一条通往目标的大道，这条路没有那么多崎岖坎坷，不需要披荆斩棘，也不需要防备山林里的猛兽。可这样的道路，不是太拥挤，人人都在走，就是尚未出现，只存在于想象之中。但也不必失望，你可以独辟蹊径，开辟一条道路，起初，它也许狭窄凌乱，越往前走，越发现它的开阔，不知不觉，你已经比别人先一步到达目的地。这样的路其实无处不在，看你有没有那颗慧心去发现它。

有个记者问一个富翁："别人都说，你成为富翁是因为头脑很灵活，那么，什么叫作灵活？"富翁说："灵活就是做和别人不一样的事。"

"那么，能说说你是怎么做事的吗？"

"比如，当我想投资什么的时候，我会把朋友都叫来，问问他们都在投资什么。如果有一半以上的人都在做同样的项目，那么我绝对不会做；但如果没几个人在做某项目，我就会考虑去投资。"

"那么，在生活中呢？"记者问。

"在生活中也一样啊，比如大家都在考研，都想做公务员，你就千万不要挤这条道，竞争激烈，机会少，做了可能也浪费力气，不如找个冷门。"富翁回答。

人们喜欢向成功的人学习，因为他们的话总能让人豁然开朗，受益匪浅。例如故事中的这位富翁，他是个灵活的人，体现在他从来做的都是别人不做的事，走别人不走的路。三百六十行行行出状元，避开最激烈的竞争，走少有人走的路，自然能够独占鳌头。多少有能力的人因为一头扎进热门专业和工作中，被更有能力的人压制，甚至显不出一丝光芒。

灵活不但需要智慧，也需要细致和坚持。不要以为有一个好的念头，与众不同，剑走偏锋，就能把事情做好。举个最简单的例子，那些点蜡烛的人，哪个没想过有一种"不灭的蜡烛"，这个念头是好的，但谁能像爱迪生一样，细心地实验，真的发明电灯？要记得灵活是辅助，坚持始终是最关键的部分，主次分明，才能互为表里，共同向一个方向努力。

想要头脑变得灵活，其实没有那么困难。俗话说"熟能生巧"，什么事做得多，钻研得多，自然就会有想法产生，若能在这个基础上把眼光放远一点，放宽一点，就更容易触类旁通，做到领先于人。不必感叹自己愚笨，似乎永远与聪明无缘，多少被夸为神童的天才，在众人的捧杀下成了庸才；多少质木无文的普通人，因为长期的坚持终于超越自我，变得回转自如，独占鳌头。锤炼的意义是什么？是为了告诉你生命是一个不断有惊喜的过程，只要你愿意，只要你努力，一切皆有可能。

6. 对成功，别那么迫切

古时候，有个青年想成为一流的侠客，他拜当世第一的剑客为师。青年很刻苦，但年轻人难免急躁，他总是问那位剑客："师父，我的剑术如何？有没有进步？"剑客是位温和的长者，每次都鼓励他："有进步，但是还要努力。"

青年人心急，有一天抓着剑客的手说："师父，你告诉我，要成为你这样的高手，需要多少年？"剑客说："十年！"

青年说："十年太久了，如果我每天加倍苦练，需要多久？"

"八年。"

青年更急："师父，如果我把吃饭睡觉的时间也拿来练剑，是不是五年就行了？"

"不，"剑客说，"那样的话你成不了高手，因为没几天你就累死了。"

青年志向远大，勤奋刻苦，唯一的毛病就是太过急进，这种急功近利，也是现代人的通病。做什么事想的不是踏踏实实，一步一个脚印，而是尽可能节省时间，直达目的地。这种想法其实没错，谁不希望一步到位？可是，有些人企图直接绕过难关，或者借助别人的力量一步登天。即使最后他们取得了想要的成绩，彰显的也并不是他们的实力，而是他们的幸运。可是，你见过哪个人一直走大运？有实力的人尚且惧怕登高跌重，没有实力的人更容易头重脚轻，一脚踏空。

急功近利的人最缺少的，就是脚踏实地的态度。或者说，他们只重视结果，那个过程，能省则省，不能省也要找最短的一条路，费最少的力气。可是，成功的结果恰恰来自于这个"过程"，没有过程的积累，成功就是空中楼阁，只能在梦中想想；近利的人更可怕，为了利益，他们可以不在乎手段，把道德等因素排除在头脑之外，只要能得到想要的结果，他们什么都肯做，自然更不会在乎损人利己，别人如何，与他们何干。

急功近利让人们忽略了生命最重要的过程：积累。不论做什么事，一步一步积累的人，总比那些贪图轻快的人成就更大。就像武侠小说中，真正的武林高手不论内力还是招式，都要数年修为才能达到炉火纯青，飞花摘叶亦能伤人。而那些只注重招式奇巧的人，虽然也能略有小成，闯出名号，但在真正的高手面前，他们所用的全是雕虫小技。

王先生与史先生是商场上的老对头，最近，他们同时累倒，被家人送进了疗养院。这家疗养院坐落在山水秀美的山城，他们没想到会在这里看到老对头的脸。

看着对方憔悴的面容，他们都有些感慨，静下心交谈的次数越来越多。他们渐渐发现，两个人的生活有很多相似之处。例如，他们的家庭看似幸福，却有很多裂痕，不但与妻子儿女感情冷淡，就连朋友也没有几个，他们每天都在为生意忙碌，直到失去健康。

有时候他们也会谈论自己还能活多少年，不约而同地对过去的几十年感到遗憾。他们发觉除了商场上的成就，他们的人生中竟然没有其他称得上"幸福"的东西，他们的生活似乎被金钱绑架，被忙碌占据，从未真正属于过自己。通过将近半年的治疗，两位老人的健康有了好转，他们同时将自己的生意交给后代，决定用剩余的生命尽情享受生活。

急功近利不是没有好处，只要方向明确方法得当，他能让你在最快的时间达到目标，但它会衍生出诸多"后遗症"，例如，生命急速向名利奔去，错过了与其他事物的交集，从此，你心中只有名利，你的生活只能被名利捆绑。最后，就像这两个因劳累过度被送入疗养院的老人，失去健康，才知道生活中要紧的事还有很多。

很多人认为,那些懂得投机的人很聪明,他们更容易成为人生的赢家。如果人生的意义仅仅是功名利禄,这种说法也有一些道理。但是,人生应该有饱满的血肉,而不是空有一副摇晃着的骨架。物质只是人生的一部分,人需要获得智慧,获得生活的乐趣,获得豁达的心境,这些是更高深的学问,充分领会,才当得起"赢家"二字。而急功近利,会导致物质世界与精神世界极度失衡,是心性的大敌。

想要克服急功近利,修身养性是最根本的办法。你的心灵追求更高远的东西,自然明白名利的价值。即使追求,也会以更加踏实的方式,一步一步接近目标,把自己的生活填充得更加丰富。命运在给予你锤炼的同时,也给予你考验,人们常常太过注重目的,忽略了精神层面的需要。不要让你的灵魂跟不上你的脚步,要时常停下来歇歇脚,让大脑得到休息,想一想现实之外的问题。不要以为这么做会浪费时间,心灵的开通,会让你在生活的各个方面变得聪明,不必急功近利,你自然会懂得如何提高效率,更快接近梦想。

7.
没有谨慎的态度,智慧会被浪费

两只青蛙去旅行,他们游山玩水,最后走到了一个寸草不生的村落,更糟糕的是,它们玩得太开心,走得太远,早就忘了回家的路。此时烈日当空,它们干渴难耐,只希望找个地方喝口水,再找个阴凉的地方睡上一觉。

一只青蛙突然欣喜地大叫:"前面有一口井!一口井!"说着跳上前去,

只见一口水井里，有一汪看上去清凉透亮的井水。青蛙说："这可真是绝处逢生，我们只要跳下去就能解渴。"它的同伴却说："你别着急往下跳，你先想想，跳下去以后，你还能不能跳上来？"

青蛙仔细观察井的深度，果然超过了自己的跳跃能力，如果方才它直接跳下去，很可能一辈子都跳不出这个水井。

一个人无论想要做什么，首先要想想后果，因为这件事是你决定的，结果自然需要你来承担。如果你犯了一个小错误，后果不严重，大概只是心中不舒服一下，郁闷一阵子；如果是重大失误，不但责任够你受的，产生的压力也会长时间地影响心情，甚至造成心理阴影，显然，这错误的代价太大。更有甚至，还有可能影响到自己的事业、前程、人际关系。

你承担不了这个后果，不仅给自己带来损失，还会给他人带去麻烦。这种事发生得多了，别人会看低你的能力，今后跟你合作都要再三考虑，你在他人心目中的形象也会一落千丈。所以，人们总在提倡谨慎，为的就是防微杜渐。

谨慎是性格中不可缺少的因素，一个人想要成大事，勇气、才能、智慧缺一不可，但性格里倘若少了谨慎，即使他取得一时的成绩，结局往往是大起大落。本来就不谨慎，因为骄傲更加目空一切。这样的人在小成功之后，必然跟随着大失败，让他们不得不重新定位自己，思考应该如何做事，这时候再重新学习认真，其实也不算晚。但是，能够预测结局，就应该提前避免，不如从现在开始，有意锻炼自己行事的谨慎。

对于有慧心的人来说，做事认真百益而无一害。谨慎的人，会在恰当的时间做最恰当的事。例如精力好的时候，他们集中精力攻克难关；精力差的时候，调整身心闭目养神。对自己的身体要谨慎，精神上更不能轻忽，例如他们不会在夜间作决定，因为夜间是不理智情绪最活跃的时候，常常出现判断失误……

当谨慎的思维渗透在生活的方方面面，你会发现你的漏洞少了，成功率高了。当然，千万不要把谨慎变成自我封闭，什么都不敢做，什么都不敢试，这样的谨慎足以葬送你全部的激情和雄心，有的时候宁可鲁莽，也不要把自己变成一块木头。

因为不谨慎带来的危害不胜枚举。自古便有"千里之堤溃于蚁穴"的说法。有人没有熄灭一根烟头，造成整栋大楼的火灾——没有人是故意的，这样的结果只是因为一时行事疏忽，多么可惜啊。而这样的事还在我们的日常生活中一再地出现，所有人都觉得自己不会那么倒霉，但倒霉的可能恰恰就是你。关于谨慎，有一句有趣的名言，不妨牢牢记住：尽管火车每次都晚点，你迟到那一次，它一定正点到达。

8. 坚定的目标更易实现

一日，一位老学者在山间歇息，睡梦中听到两滴水滴正在对话。

"我真不明白，你为什么每天每夜都滴在那块石头上，你不觉得很难受吗？撞得粉碎再重新聚集起来，又一次撞得粉碎，你这么执着有什么意义呢？我们最应该做的事，不是应该奔向远方，进入大海吗？"

"人各有志，你想进入大海，我只想把这块石头滴穿，我要让它知道，一滴水可以比一块石头更硬。不如我们定个约定，看看谁先实现自己的愿望。"

很久以后的某一天，当弟子们向老学者询问如何提高自己的行为，老学者便讲起这件事，并对弟子们说："这两滴水都是心无杂念，一心一意做自己想做的事，如果你们能学得一二，自然会大大提升自己。"弟子们不解，老学者说："若不信，可以和我一起去山间一观。"

众人随老学者入山，弹指间过了数年，那颗想要进入大海的水滴，已经游历四海，回到原地，而另一颗水滴，早已穿透石头。

无论做什么都要有目标，否则一天重复一天，没有任何改变，念再多的书、做再多的事也不过是在混日子，谈何提升。不论目标是流经万里进入江海，还是绳锯木断水滴石穿，只要有心，就有可能做到，只要一心一意，这目标会完成得更快、更好。目标，是成功的定位器。

对于一个没有目标的人来说，他的所作所为都是无用功。每一天，他的头脑被各种念头占据，一会儿想去炒股，一会儿想去旅游，一会儿想谈恋爱，他还没想明白究竟做什么，一天已经过去了，于是他躺在床上对自己说："明天再想。"放心，第二天他脑子里又会有新的念头，照样想不明白。没有目标的人，习惯了头脑中的庞杂，觉得什么都有意义，都值得做，于是不知道该做什么，犹豫不决。其实，他们缺少的是决断力。

有人没有目标，但很少有人没有选择。没有目标的人，不过是因为没有确定某一个选择。这有何难？仔细比较一下各个选项，看自己最喜欢哪一个，最适合哪一个，哪一个的收益最大。然后在这些选项中选择最适合现状的那个。例如，经济、时间都允许，就选自己喜欢的；不允许，就选收益大的或者最适合的，还可以参考师长或长辈的意见。想要确定自己的道路，固然有漫长的摸索，也可以从现在开始尝试，不合适，大不了换一个，好过空想。

一个学生正在教室里读书，他的导师刚好路过，就进入教室与学生聊了起来，说到毕业将至，不知学生有什么打算，有没有找到合适的工作。

"我暂时不想找工作，毕业后先进国企锻炼两年，然后下海经商。"学生说。

"难道你家里已经给你安排了国企工作？"导师惊讶地问。

"没有啊，到时候自己投简历就行。"学生说。

"那，你想下海经商，手头有积蓄吗？"导师又问。

"没有，工作那两年可以攒，听说国企效益不错，还有额外收入。"学生说。然后又问导师："不知道去国企工作需要看一些什么样的书，您能推荐几本吗？"

"我推荐你马上去找一本如何写简历、如何找工作的书，这样才能保证你在毕业之前，至少找到一个能养活自己的工作！"导师毫不客气地打破了学生的白日梦。

还没毕业的大学生谈起未来，总有很多美好的心愿，绝大多数心愿在过来人的眼中，都是有生气而缺乏基础的空想。就像故事里的大学生，想当然地认为坐在教室里看几本书，就能有一个锦绣未来。一个人有目标虽然好，但目标太空太大，终究是"心比天高，命比纸薄"，成不了气候。

说一个人在人生选择上有头脑，是因为他们懂得选定一个适合自己的目标，而不是一味好高骛远，追求不切实际的东西。说切合实际，不是让人放弃远大理想。理想要坚持，只是在这个大方向上，可以先定几个小目标，让自己不那么累，更容易被激励。人在一个阶段有一个阶段对应的能力，在这个能力的基础上提高一些，就可以当作现阶段的目标。

我们应该选择什么样的目标？不要急着回答，把你想做的事列出一个表单，在无人打扰、心情平静的时候一项一项分析，心灵会告诉你，做什么能够最让它满意。我们经受锤炼，不是为了别人的满意，不是为了某一种显赫前程，而是为了让我们的心灵在多年后，能够带着充实的感觉，洋溢着幸福，对以往的经历无从后悔——达到这个标准的，就是你今生必须把握的目标。

9. 突破，拼的是自己

一个男孩在草地里发现了一个茧，幼小的蝴蝶正拼命想从中钻出来。看到它异常艰辛，男孩于心不忍，就帮忙把茧剪开了。幼小的蝴蝶抖动着翅膀想飞，却发现翅膀无力根本飞不起来，一阵风雨过来，蝴蝶无法逃避，最后以死亡告终。因为蝴蝶没有经历破茧的挣扎与痛苦，不具备战胜困难与挫折的能力，翅膀无力，飞不起来。

想要做大事，首先要学会突破自我。一个人的进步，就是不断突破自我瓶颈，不断超越昨日，把不会做的事变为会做，把会做的事做得更好。在这个过程中，我们有父母的协助，有师长的教育，也有朋友的挽扶，但归根结底，最主要的问题仍是我们究竟具备不具备这份能力。如果能力不成熟，就会像被敲开蛋壳的小鸟，虽然见到天日，却根本飞不起来，想要缩回蛋壳锻炼一下，却发现那蛋壳已经拼不回原状。

人们总是有美好的愿望，希望自己多多遇到"贵人"，让原本困难的事变得简单轻松。可实际情况却是，贵人没遇到几个，经常遇到多事的人、搅局的人、看笑话的人。不用感叹世态炎凉，谁也不是你的命中守护神，有义务帮助你。也有人会说，看到别人有困难，我都会帮一把，为什么轮到自己身上，就找不到这样的人？你帮人是出自心中的道义感，并不是为了交换别人的帮助。何况，其实你受到的帮助也不少，只是都起不到决定作用。

我们在幼儿园就接受过这样的教育：自己的事情自己做。不管你想要达到什么目的，起决定作用的都是你自己，而不是别人。或者说，别人只能帮你一时，漫长的路还是要靠自己的双脚去走。自己一砖一瓦垒起来的房子，每个缝隙都在脑子里，出了差错也能立刻想到，随时补救。但若是直接住到别人的房子里，就算金碧辉煌，坏了那天你也不知道怎么修。

一个人掉入悬崖下，幸好他命大，没有摔死，可悬崖下没有路，也没有食物，想要获救，或者等别人来拉他，或者自己爬上去。他喊了半天，喊破了嗓子，也没见一个人走过来。他突然想起这个悬崖处在荒无人烟的地方，恐怕十天半月都没有人会来，看来只能自己想办法。

这个人开始试着攀登悬崖，他发现悬崖上有几丛荆棘，就希望能靠这些荆棘爬上去，没想到手刚一接触那带刺的植物，就被刺得鲜血直流。那人不由抱怨："我落难于此，你不帮我就算了，还落井下石地刺伤我。"荆棘说："我的身上本来就有刺，这刺不是为了刺你才长的，何况人应该想办法帮助自己，这个时候，你难道还指望我帮你吗？我只是一株靠身上的刺保护自己的植物而已。"

突破自我，不能依靠别人的援手，更不能依靠不值得依靠的人。荆棘的话没错，它就是一种不值得依靠的植物，自保尚且困难，哪里还能帮助别人？陷入困难的人最需要的就是别人的帮助，但是，如果那帮助只起到添乱的作用，还不如自己一个人掌握全局，至少不会增加不稳定的变数。

有自嘲心理的人，遇到困难就会说："天将降大任于斯人，老天又来锤炼我了。"如果真有一个"老天"，它的锤炼显然没经过精打细算，而是一个粗毛坯，要靠你用自己的双手打磨出智慧和机遇。这个过程中，坚持最重要，放弃最不明智，机智是尽快得到成果的关键。

人们喜欢把人生形容为一场冒险，人们突然进入乱石嶙峋的山林，有人慌不择路，有人耐心寻找方向，有人干脆原地不动，开始挖矿挖井，把一堆乱石当作机遇。在这一场大冒险中，最重要的不是你做什么，而是去做，行动，才是通向成功的唯一途径。风雨总有过去的一天，那时候，你不能两手空空，头脑空空，在这场风雨中，你应该已经开掘了大量的宝藏，丰富了你的人生和智慧，更有信心地迎接明天的到来。

第七辑
所有沧桑都是一种经历

老者爬满皱纹的脸,窖藏经年的美酒,流传世代的典籍,屹立千年的古刹……

很多事物不因岁月流转而失去光华,不因饱经风霜而流失风采。

反而历经沧桑的淘洗,它们沉淀出更为浓厚的味道。

沧桑不是苦难,而是让你更为灼灼其华的经历。

1. 因为经历忧患，所以懂得慈悲

佛殿位于一座山峰之上，每日香火不绝，大殿上的佛像宝相庄严，让人望而生敬。但是，大殿外的铜钟却对佛像很是不满，经常愤愤不平。

有一天，铜钟忍不住对佛像抱怨："虽然佛家说万物平等，此下就有一件大不公平的事。为什么你每天都会受人膜拜，这也就算了，每当人们拜完你，就会用大木槌撞我一下，你说为什么我每天都要忍受这种痛苦？"

佛像并不介意铜钟的无礼，对它解释道："钟啊，你不必羡慕我，想当初，我经过工匠一刀一斧的锤打，每一下都是钻心刺骨的疼痛，然后又用高温一直烧，不知经历了多少天，几乎九死一生才有了今日的模样，才能够看到芸芸众生的苦楚，所以我能理解并宽容他们。你不曾经历过我经历的痛苦，还没有这样的心胸，哪里能够享受旁人的鲜花和掌声呢？"

铜钟听了惭愧不已，再也不敢乱发议论，每天都尽职尽责地鸣响。转眼间，几百年过去，它再也不会忌妒大殿上的佛像，也不会责怪那些将它撞疼的人，它想，众人会撞它，都是因为心里的虔诚或有所求，如果它的声音能给人一些安慰，这不也是件好事？就这样，钟的声音越来越浑厚清越，成了举世闻名的佛钟。

世间的慈悲来自经历过沧桑，看穿了世间一切喜乐悲欢，得到心灵的自在。有慈悲心的人懂得怜悯他人的痛苦，理解他人的挣扎。当一个人的心灵接受过困境的洗礼，变得温厚包容，就像沧桑的老者，即使对伤害他的人也能给予理解的微笑。所有饱经忧患而告别偏执狭隘，愈发温厚的心，都是慈悲的心。

人们常说人世沧桑，那么什么是沧桑？这里有一个神话典故，据说曾有一位神仙对另一位神仙说："自我上次见你，沧海已经三次变成桑田。"沧桑，就是沧海桑田，就是人世无法逆转的变化，它不会随任何人的心愿，甚至让人无力。谁都曾体会过人生的无可奈何，顶峰的风光过后，就是谷地的沉寂，最后，风光也好，沉寂也好，都变为回忆中的一缕轻烟消失无形，这时候再回头细细回忆往事，心头涌上的感觉就是沧桑。

沧桑让人变得宽容，因为世事变迁，曾经恨的人，去世时向自己忏悔；曾经爱的人，已经与别人白头偕老；曾经在乎的东西，到手后发现不过如此；曾经未完成的心愿，仔细想想就算达到，也未必会满足……时间会改变很多东西，也让人变得体谅，既然自己已经为难过了，为什么还要为难别人？当你遭受苦难的时候，你以为别人都在享福？的确，有的人正在享受幸福，但在那之前，他也许比你更苦。所以，不必忌妒，也不必羡慕。

一个贫穷的农夫与妻子每天辛苦劳作，却经常吃不饱饭，因为他们有五个孩子，只有一个大到能干农活。农夫家隔壁住着一个严肃死板的老人，儿子在城里经商，每个月都给父亲送很多木柴、稻米、肉类，都放在仓库里，那仓库紧挨着农夫家的房子。

有一天，农夫的孩子饿得直哭，农夫急得团团转，突然发现老人的库房能开出一个洞：这库房是用木头盖的，有几块木板能够抽出来，刚好能爬进半个身子。情急之下，农夫偷偷去老人库房里拿了半碗米，解决了燃眉之急。日子依旧艰难，在活不下去的时候，农夫只能厚着脸皮，在老人的仓库当小偷。尽管他每次拿的东西都不多，但他心中还是觉得羞耻不已——因为老人的东西也不多。他甚至不敢和老人打照面。

几年后，农夫的孩子们都能下地干活，家里的生活一天比一天好，农夫把一年最好的粮食和从城里买来的肉送到老人家里，诚心诚意地请他原谅。老人说："没关系，你每次来拿我都知道，所以你不算偷了东西。"农夫大为惊讶，老人和蔼地解释："你的家里那么困难，做这种事并不是出于本意。"老人的宽容，让农夫大为感动。

老人并不是富翁，农夫就算有再艰难的理由，偷窃仍然是偷窃，可是，老人轻易就原谅了他，并不责怪。农夫的每一次偷窃老人都知道，他不点破，是因为他同情这个农夫。也许老人年轻的时候，也有忍饥挨饿的经历；也许老人本性仁慈，不忍心看到农夫一家遭遇不幸。就因为这种宽容和温厚，农夫一家得以度过最困难的时期，终于过上好日子。如果没有老人，他们也许早就潦倒困苦，因饥饿而死。

对于农夫而言，他以后会渐渐过上富裕的生活，他会不会像老人一样，帮助那些困苦的人，还是个未知数。因为也有一些受过苦日子的人，因为再也不想受苦，而变得吝啬异常。不过，多数人都会因这样的经历感恩知足，并把这种爱心发扬下去。也许农夫变老后，也会像老人一样，帮助下一个贫穷的邻居。

每个人的成长都可以用"沧桑"形容，有些人因沧桑变得慷慨，有些人因沧桑变得自私，人与人的区别就在这里产生。在过往的经历中，难免会有苦痛，人们的对待方式也不一样。有的人对痛苦避若蛇蝎，有些人却把它看作一场磨炼，认为心灵应该在磨炼中渐渐坚强。

人的智慧就在沧桑之后产生。经历过的人与事历历在目，足以让你辨别是非善恶，懂得生命的过程，通晓事物的道理。沧桑的经历，也许是人生最大的课堂，你需要的一切，都能在其中找到，都能在其间领悟。而所谓智慧，就是在逆境中为自己撑一把伞，挡住那些风风雨雨，在蓦然回首的时候，给自己的心灵留一片晴空。

2.
很多痛，不能用来反复缅怀

有一个伤兵回到出生的村庄，他在战场上被敌人用子弹射伤，子弹已经取出，可是，他受到了很大打击，遇到一个人，就要剥开伤口，给对方看他的伤。老乡们争着告诉他保养伤口的方法，劝他尽快疗伤，忘记战场上的不快，可是，伤兵仍然继续给别人看自己的伤口。

后来，伤兵的伤口感染，死在一个清晨。村民们怀着遗憾的心情埋葬他。山上的老师听到这件事，对弟子们说："这个人会死，不是因为伤口，而是因为他不断伤害自己。"

总是重复一个动作，就会因习惯而产生麻木，但痛苦却不是如此，重复痛苦并不能缓解痛苦，只会让它一次一次深化。痛苦就像伤疤，重复一次就是重新感染一次。智者说出的话，总是一针见血，富有见地。饱经沧桑的人有两种，一种是风轻云淡，对过往的一切早已看透看破，不会刻意提起，就算提起，也不会再次沉溺下去，徒惹痛苦。这样的人爱护自己，知道灵魂既然已经受尽风吹雨淋，就应为自己撑起一方安逸的天空，让那些伤痛像浮云一样流走，只留得心中的安宁。

另一种人就像故事中的伤兵，他们害怕别人不知道自己的伤口有多深，一定要让别人看到，同情、安慰。但是，那些安慰的话语从别人嘴里说出来很轻松，从自己的耳朵进入心里却很难。一次次地复习伤痛，只能让伤口不断感染，让疼痛日渐加深。他们的天空一直笼罩着凄风苦雨，不是别人不肯同情，是他们不给自己喘息的机会。

生活中谁都会遇见痛苦，把痛苦说一次，就是复习一次，直到这痛苦成为枷锁，把心灵牢牢锁住；或者像滚雪球一样越来越大，把精神完全压垮。可是，重复痛苦究竟有什么益处？如果仅仅为了发泄，那么日复一日的发泄为什么不能使心中的抑郁有片刻的减少？不是因为痛苦不肯放过他们，而是因为他们自己不想放开。

为什么有些人，把痛苦看得比生命更重要？因为之所以痛苦，是因为痛苦中蕴含着一段宝贵的回忆，也许是人生中最重要的经历。这样的经历，错过了，失败了，或者失去了，会觉得自己格外悲惨，因为那些错过的东西不会重来，自己似乎丧失了一切幸福的机会，再也看不到希望。抓住痛苦，就是抓住这段经历的尾巴，证明自己曾经拥有过。

每一颗心都会经历痛苦，把痛苦变成回忆，偶尔提起；变成动力，化悲愤为力量；变成经验，防止下一次失意，这些都是明智的做法。最怕的就是将它变成心中的毒瘤，阻碍其他正面情绪的成长，让心灵始终沉浸在阴影中，不见天日。每一份郁结的情绪都有解脱的可能，关键在于你愿不愿意。

聪明的人应该尽快告别痛苦，不论是找身边的人尽情倾诉，还是以忙碌暂时麻木自己，或者干脆另起炉灶，开辟一个新局面。告别痛苦的方法并不少，最简单的一种是去做你认为快乐的事，例如马上去打你最爱玩的网游，马上去淘精品店的衣服，马上订一张机票，去你一直想去的地方走走。生命说长也不长，大好时光不能用来痛苦，还是尽量找一些让自己心情愉悦的事，这才是聪明的活法。

3. 所受的苦都是必经的路

国王唯一的儿子生了病,并不是身体上的疾病,而是他整天闷闷不乐,什么也不愿意看,经常打骂下人,脾气越来越坏。国王亲自去国内最有名的书院,请老师帮忙想想办法。

"让王子一个人出去旅游,只给他一点点钱。"老师说。

"这是为什么?"国王问,老师没有回答。国王很信任老师,就在王子的反对中将他送出皇宫。

一年后,王子回来了,他晒黑了,也长壮了,更重要的是他看起来非常精神,他对父母说:"以前在皇宫,我下棋的时候,别人都让着我,我打猎的时候,连动物都来讨好我。我什么都不用做,只要坐在那里,就会有人把世界上最好的东西端给我,但我却觉得厌烦不已。在外面的时候,没有人帮我做任何事,有时候连饭都吃不上,但当我靠自己的努力,又走了一段路,或者赚到一笔钱,我都觉得特别兴奋!"

愿望如果实现得那么容易,就让人提不起劲。故事中的王子从小在蜜罐里长大,一切都顺着他的心意,就像一个人总是在走平坦的道路,永远没机会走走山路,走走水路,甚至摔一跤。平路自然就让这个人心生厌倦。如果他有个跋山涉水的机会,再走上平路,那他就会觉得走平路是一种幸福——人心就是如此。

没有了痛苦,人的幸福就不能称为幸福。没有了沧桑,人的生命就称不上完整。例如，对一个运动员来说，他在赛场上战胜对手，需要经过长期的艰苦训练，还要分析对手的弱点，还要常年忍受失败的煎熬。最后，还需要在比赛场上发挥稳定，才能捧住一枚沉甸甸的金牌。但是，如果让他什么也不做，就给他一块金牌，告诉他是世界冠军，他觉得幸福吗？恐怕他只会觉得茫然和无趣。因追求而产生的幸福感，是任何东西都不能代替的。

一只在地上觅食的青虫，羡慕地看着在花丛间飞来飞去的蝴蝶，对它说："你多么好，你那样漂亮，人人都喜欢你。你还会飞，自由自在。上天真是不公平，为什么我就只能在地面爬行，而且长得这样丑陋？"

蝴蝶说："千万不要这么说，如果你愿意，你也可以变成我。但你首先要用茧把自己包住，让自己呼吸困难，还要拼尽全身的力气，长出翅膀，用翅膀一点点划开那个厚重的茧，然后，你就能变成蝴蝶。"

"这么麻烦？那要是划不开怎么办？"

"那就只能闷死在茧里。"蝴蝶说。

"还是算了，我看当虫子也挺好。"青虫懒懒地爬走了，蝴蝶看着它的背影，不无遗憾地说："就是因为这样，你才只能当青虫。"

为什么世间有这么多的痛苦？因为人们都有追求，而追求从不会一帆风顺。所有的事都是一个过程，人们都在追求最好的结果，就像青虫想要变成蝴蝶。对于蝴蝶来说，也许在它的记忆里，让它们得到最多的，并不是那个结果，而是过程中经历的人与事，让它对世界有了深刻明确的认识。所以面对青虫，它并没有炫耀，只是冷静地为青虫指点一条道路。只有蝴蝶知道，那些苦不是谁都能受得了的。

还有一种苦是外界环境加诸的。人并没有想追求什么，突然有一天，灾难来了，不幸来了，考验来了，习惯安乐生活的人措手不及，并不是每个人都能用"天将降大任"来安慰自己，更多的人诅咒这种突来的痛苦。但这些意外，也是生命必经的过程，谁也绕不开躲不过，你不去抗争，就要被它击倒。

有智慧的人不愿被痛苦束缚，他们会选择坚强，来对抗心灵的阴影。就像跌倒了的人，只有自己爬起来，才能学会走路，才能继续走下去。任何事物都有两面性，苦难带来的也不只是悲哀，还有难得的经历与经验，有些甚至是人生讲堂里最生动的教科书，让你大开眼界；有些是一味良药，只要你忍住入口时的苦涩，从此就能"百毒不侵"。不论是成功，还是生命，或者生活，历经苦难都是一个必要的过程，但它并不是最后结果，结果可以由你亲自选择，你想要它通向何处，它就会通向何处。

4. 放下是更好的选择

一位禅师在山间散步，一个中年人坐在别墅前画画，看到禅师，礼貌地请他进去喝茶谈天。中年人说："出家人一无所有，走到哪里，都是过客，虽然洒脱，到底清冷了些。"

禅师想了想，问："这栋别墅现在的主人是你对吗？"

"是啊，我在这里住了四十年了。"中年人说。

"那么它以前的主人是谁？"

"我的父亲。"

"再以前的呢？"

"我的祖父？"

"如果你去世了，这栋别墅属于谁？"

"当然是我的儿子。"

禅师微笑着说:"所以,这栋别墅终究也不是属于你的,早晚有一天会是别人的,你和我有什么不同?都是这栋别墅的过客而已。"

中年人的别墅想必很舒适,让他很骄傲,并以此同情过路的禅师。但禅师告诉他,他们都是过客,没有什么不同。相对于漫长的时间,谁不是过客?哪种拥有能够长久?就算拼尽力去抓住一样心爱的东西,又能抓多久?不如更多地关注自身,让心爱之物与自己做个陪伴,能够长久自然是好,不能长久,亦可随缘,不必痛彻心扉。

有什么东西是我们放不下的呢?就拿我们都在乎的成绩来说吧,想要新成绩,必须先放下旧成绩。如果有一天,我们厌烦了考卷,那不管新旧,我们都要放下。而且,霸占一样东西在手里又有多少意义?到手的那一刻是喜悦的,但很快,它就会变得陈旧,变得沉重,变得没有当初的感觉,让人后悔不应该总是把它拿在手里,那样做至少感觉能更长久。

拿得起放得下,这是一种洒脱的智慧。故事中的中年人倘若总是留恋家中的温暖,自然就不能领略禅师徜徉山水的潇洒自在。有一种智慧是别人在贪恋人世各种诱惑的时候,他们能够抽身,能够放下。普通人不需要如此通达,谁都可以投入诱惑,但投入之后,你要明白万事有期限,该放下的时候就要尽早放开手,给自己、他人一个清静。

丝丝从小就是个手工艺品爱好者,她在上幼儿园的时候就会采集各种各样的鲜花做成造型独特的干花,用干花配着毛线、原木、彩纸等东西做成书签,拿在手里是种享受,就连幼儿园的老师都会托丝丝帮她们做书签。长大一点以后,丝丝的爱好一发不可收拾,她既能用毛线织各种各样的衣服,又能将布匹裁剪成窗帘、床单、桌布,并自己绣花。她还能用泥巴、铁丝、陶土等东西做成手工艺品,她在这些创作中得到了极大的满足。

丝丝十几岁的时候,开始面临升学压力,父母给她分析:如果丝丝继续把时间都用在手工艺品上荒废学业,她今后就要吃这碗饭。但是,在他们生活的小镇，很少有人愿意花钱去买手工制品，如果丝丝想要开一家网店，也不能制造大批量货物，不能赚足够的钱养活自己。父母让丝丝慎重考虑未来的计划。经过思考，丝丝承认她的爱好只能作为业余爱好，只有在自己有了正式稳定的工作后，才能继续发展。所以，丝丝收起了她经常构图的本子，把大多数时间用在考试和复习上。

对于丝丝这样一个把爱好当作生活重心的女孩子来说，为了未来学业暂时搁置爱好，是一件痛苦的事。往好了想，安定之后，爱好仍是爱好；往坏了想，以后越来越忙，真的还会有现在的激情吗？而人在面对这种事时，即使嘴上说着好的方面，心里想的也是最坏的结果，说不痛心，都是假的。

选择，意味着放弃。因为世间事情遵循着一种大范围的公平，鱼和熊掌，你得到一个，就要失去另一个；就算全得到，你也没有那么大的胃；就算全吃下去，鱼的鲜美被熊掌抵消，熊掌的真味也受了鱼的影响，两样都没能让你满意……两相权衡，还不如专注于一边，享受个淋漓尽致。可惜世人不懂这个道理，总以为得到越多就越好。

谁都会面对选择，那么面对选择的时候我们究竟应该定一个什么样的标准？首先要排除那些过于虚幻的选项，有些东西看起来很美，但和自己无关，就像一个胖人，不必选一件纤瘦的礼服；然后要尊重自己的喜好，有一个喜好并不容易，那是让我们能够快乐的事，如果可能，尽量保留这一个，哪怕仅仅是一部分，它会成为支撑我们日后心灵的净土。

最重要的是考虑今后的出路。人生最根本的东西是未来，或者说，是个人的核心能力。这种能力需要一个明确的中心，即人要以什么方式生存，其余不论学识、人际还是生活，都要围绕这个中心展开。所以，不管做什么选择，或多或少都要考虑你的人生核心。当然，核心也可能会发生转移，例如一个爱情至上的人，很可能在事业与家庭的冲突中选择后者，只要他认为自己幸福，这种选择就没有错。

选择想要的不是最难的，放下那些不想要的才难。一定要有这样一种悟性：没选择的，就是与自己无关的，是好是坏，都在自己的生活之外。自己需要做的是珍惜来之不易的选择，让自己做到最后，唯有如此，才不会给自己后悔的机会，生命才是一条上升的直线。

5. 回避永远不是解决的方法

  一位老师在当地很有名望，他面目慈祥，总是带着笑容，不论谁得罪他，他都不与人计较。他经常教导徒弟们要学会化解烦恼，过快乐的生活。

  有一天，老师生了一场大病，他不断地叫着："真疼啊！真苦啊！"

  徒弟们很不理解，就对老师说："您平日德高望重，怎么能因为病痛这样叫苦呢？让别人听到会怎么想？"

  老师问："为什么不能叫苦？快乐的时候，我们笑，痛苦的时候，当然要叫苦。"

  徒弟说："有一次你溺水，差点死掉，那时候你面色从容，你连死亡都不怕，为什么会因为病痛哀号？何况你平时总是教导人们要快乐，现在却不断叫苦，不觉得矛盾吗？"

  老师说："不矛盾，你告诉我，究竟快乐是对的，还是痛苦是对的？它们没有对错，所以，快乐的时候能明白痛苦，痛苦的时候也能明白快乐，既然它们一样，我为什么不能叫？"

  老师的话极有哲理。不论是痛苦还是欢乐，都是人生必然存在的经历，本身并没有对和错，那么叫苦和说乐，都是自然而然的事。只要痛苦过后不是一而再、再而三自苦，那叫叫苦有什么关系？人生不能一直享受快乐，快乐太多，也会让人沉溺于安逸的生活，变得无所事事。痛苦，是一次磨炼，一次领悟的机会。

没有人一辈子注定大灾大难不断，你不会白白受苦，总会得到某一种形式的补偿。失恋的人是痛苦的，但他得到过爱情，也会拥有最美好时刻的回忆；失败的人是痛苦的，但他拥有经验，就有了反败为胜的法宝；失望的人是不幸的，但他们至少经历过，而且也因为失望，更懂得希望与追求的可贵……

领悟痛苦需要的不只是心胸，还有智慧。你如何在心痛中分辨出那些对你有益处的东西？也许我们需要从结果重新看问题。所有人都有这样的经历，一件事当你沉浸在其中的时候，你的所有思维都被拉扯着，你十分感性也十分脆弱，只由着情绪做事。等到事情过去一段时间，你以旁观者的角度重新审视，就会发现很多从未发现的问题。所以，定时定期检讨一下自己的作为，整理自己的心情，也能让你从烦恼中得到不少启示。

一个国王生了一场大病，谁也不知道病因是什么，只知道他整日躲在自己的宫殿里，连朝臣都不愿意见一见。王后担心国王，就请人去找万里之外最有名的高僧，希望他能够帮助国王。高僧风尘仆仆地赶到宫殿，立刻被迎入国王的房间。

国王也听说过这位高僧的名声，不敢怠慢，但也不愿多提自己的病。高僧说："我听说三个月以前，您在打猎的时候胳膊被划伤，现在您的身体如何？"

"我的胳膊已经好了。"国王说，"可是大上个月，敌国向王宫派了一个刺客，又让我受了一回惊吓。您是最有修为的高僧，能不能告诉我，世界上什么地方最安全？我觉得不论在外面，还是在自己的宫殿，没有一天有安全的感觉，这让我很害怕。"

"安全的地方只有一个。"高僧说，"但我相信您不愿意去。"

"在哪里？"国王问。

"坟墓里。人只要死了，就不会再有人来危害你，你也不会再感到痛苦。我们用生命中的时间和精力换来保护自己的能力，取得安全和安逸，但也只能取得一部分，唯有用整个生命，才能换来最多的安全。"国王听后若有所思，几天后，他不治而愈。

有些人喜欢逃避痛苦，既然生命只有一次，追求那些快乐的东西就行了，看到痛苦，远远避开，不就不痛苦了？这种想法未免天真。以国王的财力和实力，也找不到一个完全没有痛苦的地方，何况普通人？坟墓倒是个没有痛苦的去处，但是，死之前想到那么多的快乐你都没尝试过，会不会觉得更难过？所以，逃避不是办法。

好在在痛苦中，我们能够理解一些生命中最本质的东西。生病的时候，我们知道了健康的重要；难过的时候，我们知道了朋友的重要；困难的时候，我们知道了亲人的重要……痛苦给我们的最大启示，就是告诉我们什么是幸福。

谁也避不开痛苦。即使你现在沉浸在幸福之中，却无法保证这幸福一定能继续下去，所以，人们不但要看穿痛苦，看穿生命就是一个痛苦与喜悦交织的过程，苦尽甘来，甜到头仍会变苦。生活就是这样，走过了，试过了，才发现经历比什么都重要，包括结果。只要这样想，你就会把此时的痛苦，当作命运给予的教诲，它值得你一再解读。

6.
怕受伤，人生的路会越走越窄

对生命，有人总是胆怯的。让他去谈恋爱，他怕失恋；让他去冒险，他怕受伤；让他去创业，他怕失败……总之，他什么都怕，就怕自己受到什么伤害，破坏了本身的安逸生活。那么，他们梦想中的安逸生活是什么呢？就是维持在一个小圈子里，有还算稳定的工作，还算安乐的家庭。其实这种想法没有错，平平淡淡才是真。但是，如果平淡的前提是害怕，平淡也变成了一种逃避，他们在这种生活中得到的不是"真"，而是百无聊赖。

为什么人们都害怕离开安逸的环境？因为在安逸中，一切都在自己的掌握里；没有什么危险，也不会有意外。数着日历，每个月的第一天和最后一天不会有任何区别。习惯是可怕的，一旦习惯了这种周而复始的生活，一切平庸就都可以被接受，激情也就无从产生。而没有激情的生命就像古井，里边即使有水，也没有人会注意，他自己也渐渐忘记自己的功能。

一个老人辛苦劳作一辈子，儿子在大城市考上了博士，找到了高薪工作，还娶到一个十分贤惠的妻子。夫妻俩一致决定将农村的老人接到城中安享晚年。

儿子孝顺，老人很高兴，但他到了城里后，每天只能在房间里干坐着，根本不知道干什么，他很想去锄锄地，放放牛，割割草，或者养几只猪，但在城里这些都不可能。儿子和媳妇倒是从不亏待他，小区里人人都羡慕他的福气，但老人却一天比一天没精神，终于有一天，他病倒了，躺了两个月跟儿子说："我继续在这里待着，肯定活不长，让我回老家吧。"

儿子大吃一惊，媳妇更是不同意，老人说："我知道你们都孝顺，不过，我习惯了劳动，享不了清福，不让我做点什么，我就觉得浑身不舒服。"在老人的一再坚持下，夫妻俩只好将他送回农村。老人回去后，果然再也没生过病。

习惯了劳作的人，很难适应安逸，不是说这位老人没有"享福的命"，而是他的福不是天天坐在家里不知道干什么。青年人提到自己想要做的事，往往茫然迷惑，他们想做的事很多，但不知道最该做哪一件；老人们不同，他们想做的事不多，都是自己最喜欢的。很多时候，安逸意味着无所事事，劳作虽然辛苦，甚至有时候带来痛苦，但给自己的心灵以满足，却是别的东西替代不了的。所以，人们拒绝安逸，就是拒绝一种空虚的生活状态。

也有人会问，历经沧桑的人不都在追求安逸生活？别忘了，他们已经具备了安逸的资本。这种资本不只是经济上的，还是心理上的。他们经历的东西多了，甚至可以说，没有什么没去经历过，所以也就不会后悔，也不会羡慕那些正在经历的人。从一开始就选择安逸的人则不同，他们一辈子都注定要看着别人的精彩，即使那精彩难免也伴随着失落，但却是丰富的人生。难道他们不眼红吗？他们还没这种觉悟。

宁愿去经历沧桑，也不要在安逸的环境中碌碌无为，这是有智慧者的共识。最需要警惕的，并不是突然袭来的痛苦，面对痛苦，我们都在全副武装，丝毫不敢大意。最需要注意的是胜利后的麻痹，那才会让你在刹那间失去所有。沧桑之后，人们拥有的应该是更加成熟的心态，而不是完全松懈，那就辜负了生命的本意。

7.
沧桑从来不是停下的理由

有个人进入一家奇怪的旅馆,那旅馆里什么都有,不需要支付任何费用,在巨大华丽的房间里,摆满了各式各样的衣物、宝石、食物,每天都有源源不断的新品种送到面前供人享用,这个人决定永远住在这家旅馆。

可过了不到三个月,这个人就心生厌倦,他在这里什么都有,却没有生活的动力,他希望和过去的朋友联系,哪怕会发生争吵;希望去做一些有意义的工作,哪怕薪水低;希望自己做一些食物吃,哪怕不那么美味……他向旅馆主人提出退房,旅馆主人说:"这个旅馆一旦进入,就不能离开。"

"那我一辈子岂不是只能这个样子?"那人急了。

"别人在受苦,你在享福,这个样子有什么不好?"旅馆主人问。

那个人一时语塞,他说不出哪里不好,只能说,他不是在生活,而是在虚耗生命。

虚耗生命是一件极其可怕的事。就像故事里的人,他看上去什么都享受了,其实没有一样属于他自己,他没有付出,就得不到心理上的充实感,没有什么值得回忆的东西。他一天比一天老,一天比一天觉得没意思,时间完全被浪费。如果我们好不容易活一次,每天只能过这样的日子,不论对谁,都是一种悲剧。

死亡是什么?死亡就是生命的停止。故事中的人之所以想要离开旅馆,是因为他发现自己离生活越来越远,他的生命完全停止在这间旅馆里,和死亡没什么两样。从某种意义上说,他还不如医院里那些病人,病人能与亲人交流，积极地对抗病魔，阅读、娱乐、散步，享受生活，只要把握了此刻的分分秒秒，他们的生命就有意义。

很多人认为历经沧桑就要停下来，其实这也是一种误解。那些有沧桑感的人更不会让生命停止，他们比任何人都理解生命的宝贵。看看那些老人就知道他们在乎什么，他们不再参与复杂的人际纠纷，而是在简单的爱好中颐养性情；他们不再终日奔波劳累，而是有节制地劳作，让自己有更多时间休息；他们不再追求不切实际的目标，而是珍惜对待已经拥有的事物——他们不是没有能力，而是把精力放在最在乎的那些事上，这也是一种前进。

军队正在行进，这个时候，前方跑来一个穿着军服的士兵，他的衣服都破了，脸上淌着血，神色慌张焦急，他一边跑一边大喊："前方失守了！快逃命吧！我们的根据地已经被敌人占领了！"士兵们一听，顿时大乱，很多人扔下自己的枪，开始向后跑，希望能在敌人到来之前逃走。

只有一个连长对他手下的士兵说："前方就算失陷，我军也不会全军覆灭，我们要赶快去接应，才能救得了他们，保存我军实力！"这个连的士兵平时最敬佩这位连长，谁也没有逃走，而是跟着他加快速度，直奔根据地。

到了根据地，士兵们发现根据地好好的，根本没有被攻陷，这时传来消息，说那个大叫"失守了"的士兵是个间谍，他谎报军情，是要把大军引向后方的一个山谷。接到消息的那一刻，那些逃跑的士兵全都中了敌军的埋伏，不明不白丢掉了性命。

也许你也想过同样的问题：为什么流水从来不回头？因为流水从流动的那一刻开始就有自己的方向，它们要走向更开阔的地方，或者需要它们的地方。所有生命都是一个向前的过程，如果你擅自退后，无异于做了逃兵，也许还会中了敌人的埋伏，得不偿失。而如果你不能一直向前走，遇到的不一定都是好事，但至少有意义。

在有智慧的人看来，万事都是学问，生命的前进当然也是如此。人们在走路的时候，如果时时担心摔跤，难免把注意力都集中在自己脚下，以致忘记看前方有什么，两边有什么。但要是一味勇往直前，根本不看脚下，也容易被路障绊倒。所以，最佳的方法就是既要眼观六路耳听八方，又要有坚定的前进方向。当然，前进的方向也并非不能改变，当你发现路线错了，或者前边是个死胡同，这时候务必要赶快回头，不过，这种回头并不是退后，从生命整个过程来看，它不过是一次小小的逆流，或者说，是在冲刺前向后退几步，为的是跑得更远。

在前进的时候，我们常常因为目标，忘记了今天的重要。因为心里总想着加快步伐赶路，风雨兼程之余，根本无暇顾及路边的风景。这一种焦急的心态虽然能让你尽快到达目的地，却因为没有用心感受中途发生的人与事，错过了很多东西。同样的一条路，别人得到的是九分，你却觉得自己只得到五分，原因就在这里。

我们都在沧桑中前进，苦乐参半，有时候还会丧失信心。这时候一定要鼓励自己不要忘记，我们生命中最重要的事，就是今天，就是此时此刻。无数个明天都从此时开始。千里之行始于足下，每一个今天，我们都在努力向未来出发。

8.
不能逆转的灾难，不如接受

一个牧民早起去山坡上放羊，他有个习惯，就是每天都要数一数羊的数目，把几百只羊一只一只数过来数过去，数上几遍才放心。今天，他怎么数都发现少了一只羊。牧民心情很差，更糟的是第二天他去放羊，发现又少了一只。

牧民去寺里找熟识的长者哭诉，请有智慧的长者想一个找回羊的办法，他说："听说这附近来了一只狼，想必是狼吃了你的羊。"

"如果这只狼不出现就好了！我的羊就不会少！"牧民悲愤地说。

"狼已经出现了，你再这样想有什么用？如果你没有能力打死狼，就想想该怎样保护你的羊吧。"长者说。

羊死了，需要做的事是补牢，而不是哀哭或者恳求狼不要再来。有些事，特别是那些已经发生的事，首先要做的不是改变，而是接受。这种时候接受往往意味着损失，人们都会心不甘情不愿。可是不接受只会让损失更大，白白浪费补救的时机。在"大势已去"的情况下，与其负隅顽抗，不如赶快想退路，想出路，"认命"有时不是件坏事。

人生的无奈之处在于，很多事情我们能够预料到结果，却再努力也无法逆转。例如，有人从小就想当空中小姐，可是她的身高偏偏不到170厘米。也许她会觉得这不公平，但什么是公平，还有些人天生超过两米，处处行动受限；有些人不足150厘米，常常为此自卑，这难道就是公平？如果真有不公平，也不单单作用在你身上，你有好的一面，自然会有不如意的另一面。

也有人试图改变不可逆转的事，例如足球比赛比分差距悬殊，两队能力也悬殊，胜负没有悬念。这时，落后那一队的后备席上突然站起一匹黑马，上场后几个进球扭转乾坤。这种事看似是逆转，其实也是因为有黑马的能力在。而我们说的"无法逆转"，是在情况与能力都不允许的情况下，不要白费心思和力气，干脆一点，承认差距，下次再战。

日本是一个多山多地震的国家，那里的人历来饱受地震侵扰，经常遭受巨大损失。不光是地震，每年夏天都有台风过境，小的时候瓢泼大雨，大的时候树木被折断，房屋有时也不能幸免，此外还有可能造成水灾。

在这样的国家居住的人，早就习惯了应对灾难。房屋的建造和构造，都是为了尽可能减少自然灾害的影响。所以灾难地区生活的居民，仍然能够安居乐业，就是因为他们既有承受灾难的心态，也有对抗灾难的准备。

有些事情注定不能改变，例如地理位置刚好在板块交界处的国家，无法避免接连不断的地震。但是，人们不应该被动地接受一件事，而是应该积极应对，把损失降低到最小。我们不能改变的，是事情的进程和结果，但我们能够改变的，是事情对自己造成的影响。如果一个人能把给自己带来巨大压力的事，变成一件可有可无的小事，他就是智者。

当事情不能改变的时候，我们应该考虑如何改变自己的观念。例如一个人身高不够，不能实现他的篮球梦想，那么他就应该考虑去踢足球，去打乒乓球。也许有人说："我就爱篮球！"这就是典型的想不开要钻牛角尖。而是事已至此，你必须给自己找一条出路，这条出路应该从一开始就去选择，而不是在你受尽挫折，发现自己"不行"之后，才不甘不愿地去"转型"。而且只要你观念转得快，就会发现"足球"也没什么不好。

普通人总是想改变环境，智者永远思考如何改变自己。改变自己，并非让自己面目全非，原则丢掉，爱好丢掉，自我丢掉，而是在一个大方向上，修正一些小路线。当然也会有这样的时候，连大方向都出了问题。这时，更要发挥冷静的头脑和果断的决策力，及时扭转乾坤，让自己走上最对的方向，防止以后后悔和对前途的耽误。

无法逆转的事物存在于很多地方，所以人们常常会说："无奈。"例如项羽到了垓下，知道大势已去，再无回天之力，这恐怕是人生最大的无奈了。即使到这个时候，也不要坐以待毙，别姬也好，自刎也罢，都是维护自己的尊严，尊重自己的个性，也依然能让后世的人在感佩之中赞扬："至今思项羽，不肯过江东。"在无法逆转的时候，仍能坚持自我，这就是最高的智慧。

9.
看透，沧桑后的明澈

一位老师路过一座山，看到一位老农在地里正睡得酣畅，身边一头瘦牛悠然地嚼着草。老师刚好也要歇脚，就在树下打起了盹。醒来时刚巧农夫也醒着，两个人聊了起来。

农夫说到最近政府修了条官道，村里的人都把锄头换成远行的驴子，从山里运出矿石等物出去卖，换回来绫罗绸缎，很多人如今不再种田，住上了大房子。老师问："既然如此，你为什么不这样做，反而在这里耕田？"

"你说，他们赶着驴子，风雨兼程走山道、去城里，是为了什么？"

"当然是为了能够悠闲自在地生活。"老师回答。

"那么，我现在的生活难道不悠闲吗？"农夫说着，再次睡了过去。

老农一辈子耕种土地，看到了发财的机会也不愿去拥有。因为他知道，所有的追求不过是为了一份安乐的生活，只要心中安泰，卧在地头睡觉，与躺在豪华的房子里并无区别。老师所敬佩的，正是这种看透世事的心胸。比起那些为了金钱蝇营狗苟的人，这位酣然入睡的老农实在是个高明的智者，他省略了多少周折，直接抵达了心安之处。

经历沧桑之后，最重要的是什么？看透。看透人世的纷繁，看透人与人的冗杂，看透追求背后的目的，看透每双眼睛后面有一颗怎样的心。我们常常说那些老人见识多，看别人几眼，就能把这个人的个性、缺点说得足十分，就是因为他们世情看得多了，知道某一种眼神代表的是什么企图，某一种行为反映的是什么习惯，每一句话背后又有什么用意。沧桑给人的最大礼物，恐怕就是这种"看透的智慧"。

看透别人固然重要，看透自己更为可贵。人生一开始都在做加法，给自己附加各种能力与头衔，就像把一个空屋子里放满各种各样的家具、花卉、摆设，以为这就是成功。看透的人却开始做减法，他们把屋子里的东西能送人就送人，能丢掉就丢掉，最后剩下那些最重要的，看上去清爽开阔。这时候他们的心灵也变得清明一片，很少有烦恼能去打扰他们。

还有，看透并不意味着虚无，看透的人从不否认自己的努力，也不认为那些事没有意义，他们仍旧会鼓励年轻人去填满自己的屋子。他们的看透，是在长久的感受和琢磨中，看到了自己不需要的部分，看到了太多附加物只是负担，然后有选择性地开始舍弃。但不代表那些东西不好，也不代表他曾经的感情是错的——世易时移，仅此而已。

一艘轮船从旧金山开往伦敦，海上突来的大风暴让轮船颠簸摇晃，似乎马上就有沉船的危险，惊慌的人群中，一位高龄老太太不慌不忙地提醒人们照顾好自己的孩子，不要让他们害怕。大约过了一个小时，风暴才平息，轮船终于恢复了平稳。死里逃生的人们舒了一口气，他们发现老太太自始至终神色如常，不禁佩服她临危不乱的能力。

老太太笑着说："我只是一个没上过学的普通村妇，哪里有什么能力。只是，我有两个女儿，一个前年已经去世，一个住在伦敦，我正要去找她。如果轮船失事，我不过是去了大女儿那里，又有什么不一样？"这番看透生死的言语，让在座的乘客肃然起敬。

看透的最高境界，恐怕就是看透生与死之间的距离。生是忧患，死是最后的沧桑，生死之间，相距不过几秒，这短短的时间，多少人留恋，又有多少人释然。即将沉没的船上，老太太看到的不过是家常一样的事实：我要和一个女儿团聚，也许是天堂的那个，也许是伦敦的那个，不论如何，都是值得庆贺的团聚。

看透生死的人，面对死亡的时候，想到的不是遗憾，而是圆满。他们的一生固然不是十全十美的，甚至可能有许多莫大的遗憾。但是，在死亡来临时，他们更愿意想着那些让他们觉得幸福的事，想着他们得到过什么。有智慧的人不必等到死亡来临才"大彻大悟"，他们早就知晓了自身的一切，随时能够应对命运的改变。

　　人的心就像是一面镜子，有智慧的人会时时擦拭镜面，让心灵完整地照出自己的优点缺点，厌恶喜好；而那些忙忙碌碌却不知自己为何忙碌的人，他们的心上落满灰尘，或者发生扭曲，看到的总不是完整的自己，或者夸大，或者缩小，换言之，他们看到的并不是真实的自己。只有历尽沧桑的人，才能吹开镜子上的浮尘，看到最真实的自己，尽管他们可能已经苍老，也可能遭遇诸多坎坷，但在想开的那一刻，他们懂得了什么是自我，什么是生活。

10.
一切沧桑都是为了寻找心安

　　一个人觉得自己不幸福，他走出家门，想去问问别人，幸福究竟是什么。

　　他碰到一个乞丐，乞丐说："幸福？幸福就是一顿美味的饭菜！"

　　他碰到一个小孩，小孩说："幸福？幸福就是最新的玩具！"

　　他碰到一个失恋的青年，青年说："幸福，幸福就是拥有爱情。"

　　他碰到一个囚犯，囚犯说："幸福？幸福就是自由。"

他碰到一个赶路的工人，工人说："幸福，就是晚上能够休息。"
……

他遇到了很多人，问过很多次，最后得出一个结论：原来，他走出来的那个有饭菜、有爱人、有娱乐、有自由的家，那个让自己心安的地方，就是幸福的所在。

想知道什么是人生的幸福，要经过不停地寻找、询问、比较，但答案其实是非常简单的两个字：心安。每个人的心灵都希望有一个避风港，特别是在沧桑之后，希望有一个宁静的地方，满足自己最简单的要求，就是莫大的幸运。这个地方，就是我们的家园。那里有你需要的一切：这一切不是指什么都有，而是那些最能满足你心灵的东西，例如，亲人、朋友、爱情……

每个人都有两个家，一个是现实生活中的家，里面有家人，有能让自己休息的房间，有温暖的气氛。还有一个是精神上的家，就是人们常说的寄托。人们总是希望自己能够找到某种寄托，在寒冷的时候想到，会觉得温暖；在困难时刻想到，会觉得有力量。每个人的选择都不一样，有人把宗教当作寄托，成了虔诚的信徒；有人把爱情当作寄托，为爱不顾一切；有人把理想当作寄托，从此不畏风雨……不论是哪一种寄托，都有一个共同特点——想到，就会心安。

在现代社会，人们越来越忙碌，很少关注自己的心灵，于是，心灵越来越空虚，眼神也越来越迷茫。很多成功人士得到别人的祝贺后，常常问自己这样做有没有意义。为什么会出现这种情况？因为在某种意义上，心灵上的需要与生活上的需要完全分离，人们过分追求其中一种，就会忽略另一种，这就是现代人不能心安的原因。所以，智者讲究身心平衡，讲究追求与享受的平衡，就是为了生命能成为一个稳步上升的过程，而不是踏空。

一个女记者走遍了世界各地，拍了很多精彩的照片，做了很多激动人心的报道，拿过不计其数的奖项。有一次，她到一个草原牧民家里做采访，那个家庭的主妇看上去很单纯，也很劳碌，她上了年纪，也许是日夜操劳的缘故，她看上去比实际年龄更老。

"这么说，你从出生到现在，从来都没有看过外面的世界。17岁嫁人后，就一直为家人劳碌到今天？"女记者惊讶地问，她努力地忍住自己的同情。

可是，她发现那个女人正用同情悲悯的眼光看着她："你是一个女人，竟然孤身一人到处走，没有一个安定的家，你一定受过很多苦吧？"

那一刻，记者不知道自己和那个从未离开家门的女人，究竟谁更幸福。

记者和主妇究竟谁更幸福？其实都很幸福，她们互相同情的，不过是对方少了自己的经历，而自己最在乎的，永远是心灵最重要的部分。女记者希望自己万水千山走遍，主妇希望自己永远支撑一个宁静欢乐的家。当然，如果记者能在劳累之后，有一个温暖的怀抱歇脚；主妇在操持之余，能够去外面看看风景，她们的生命在外人看来，会更圆满、充实。

人的心需要旅行，也需要回归，不论玩世不恭的人，还是勇往直前的人，只要愿意，都能确定一个家园。不论是和一位喜爱的异性组建的小家，还是和亲人朋友组建的"大家"，或者用知识、经验、爱好堆积起来的精神家园，你一定要让自己的身体和心灵，都有一个"容身之所"。人们难免要经历沧桑，在沧桑中，只有家园能给我们安慰和庇佑，哪怕这个家园看上去那么小，但它也许就是暴雨中的大海里，那救命的浮木。

适当的时候，你也要懂得"回归"。我们每个人都有旅行的经历，旅行之初，我们意气风发，恨不得把全世界都走遍才满足。但只要经过一天的颠簸，我们就迫切需要一个旅馆，让我们稍作休息。随着旅途越来越长，路途上的风景还能让我们留恋，但对大同小异的旅馆，我们却非常腻烦。于是到了最后，我们只剩一个想法："不如快点回家吧。"

生命也是这样一场长旅，闯荡与休息，需要交替进行。经历过的事，不论是痛苦还是欢喜，都需要一个静谧的空间让我们慢慢整理。很多人认为经历产生智慧，这没错，但经历过后的那段沉思、休憩，却能让智慧升华，让我们懂得如何更加从容地面对生命。这时才会知道：我们历经沧桑，就是为了能找到心安之所。

第八辑
与幸福的不期而遇

每个人都渴望得到幸福,却时常忽略了幸福原本的模样;

每个人都在执着地追求幸福,却常常迷茫追寻幸福的方向。

其实,幸福不在远方,它一直在你的身边:

发生的每件事都有美好的一面,

遇见的每个人都有友善的一面,你本身就是幸福的所在。

1. 幸福本来就在身边

这一天，一群神色迷茫的年轻人进到书院里，找到德高望重的老师，问他："尊敬的老师，请你告诉我们，幸福究竟是什么？"

老师没有回答这个问题，只是说："在回答这个问题之前，你们能帮我扎一个木筏吗？"

几个年轻人不明白老师葫芦里卖的是什么药，但他既然开口了，几个年轻人还是很用心地去山里砍了粗度差不多的树，然后合力扎了一个结实的木筏，请老师过目。

木筏下水的那一天，老师让几个年轻人和他一起坐在上面，年轻人在山涧里的溪流中划动木筏，看到景色从两边飞驰而过，他们和老师一起高声唱歌，玩了一整个上午。上岸后，老师问几个年轻人："告诉我，刚才你们幸福不幸福？"

几个年轻人这才懂得，幸福并不高深，只是一种简单的满足，一种体验和感受。

如老师所指点的，幸福是一种随时可能会有的体验，就存在于我们的生活之中，你愿意去发掘，会发现它就藏在一个一个小角落里，有时候是一顿可口的饭菜，有时候是一朵插在花瓶里的玫瑰，有时候是来自父母的电话。这些小事很简单，但不能小看，试想，如果你总是吃不到美食，总是看不到美丽的景色，总是得不到父母的关怀，你还幸福吗？

幸福来自我们的内心,是我们内心的感受。人生最高的幸福有三种,一是发现身边有很多人爱着我们,愿意为我们付出,那种被包容的安全感让我们幸福;二是通过努力,实现了自己的梦想,那种骄傲感让我们幸福;三是能够了解自我,不回避自己的短处,将自己当作一个完整的个体接受,那种坦然坦荡的感觉就是幸福。关于幸福,还有更多更具体的答案,但它们的实质是相通的:内心满足就是幸福,内心不满足就无法幸福。

幸福是人生最高财富,试着做一道简单的选择题,给你一个机会成为亿万富翁,但你的生活没有任何幸福,家人远离,朋友背叛,爱情不顺,你只能活在金钱的牢笼里过一辈子,你真的会选择这种落寞的生活,还是更愿意依靠自己的努力,掌握自己的财富,在亲友的陪伴下体味多姿多彩的人生?

一个浪漫的青年和一个现实的少女一起去山里旅游,晚上,青年一边支起帐篷,一边仰望星空,感叹大自然的美丽。少女却皱着眉说:"赶快去拾柴火吧,晚上会很冷。"于是两个人一起拾来柴火,突然发现支好的帐篷已经不见了。

青年说:"这下我们要体会一下'幕天席地'是什么滋味了!"少女生气地说:"我们的帐篷被人偷走了!你难道不发愁吗?"青年点起篝火说:"你看,我们不还有火?为什么要发愁?"少女更加生气地说:"火如果熄了的话怎么办?"

青年微笑着说:"火熄了的话,你还有我,我不会让你冻着的。"一瞬间,少女觉得自己非常幸福,忘记了所有的不快。

什么是幸福?很小的时候,幸福可能是一块糖果、一个布娃娃、一团泥巴,你拿到它,就觉得自己幸福;长大后,幸福变成了一个目标,或者是事业,或者是爱情,或者是机遇,得到了,就是幸福;等到人历经许多事之后,会发现幸福比这些都要简单,仅仅是一种感觉,和某些人、某些事在一起的感觉。能领悟这一点,就是幸福。

人们常说幸福不易,也许只是因为你的要求太高,都像小孩子一样,哪里会不幸福？这句话也有点纸上谈兵的意味，因为随着年龄的增长，心态不再单纯，幸福也不再简单，至少我们对幸福有了要求，有一项指标达不到，就说不上幸福。指标少也还罢了，有的人的指标涉及生活的方方面面，要达到谈何容易，在这种情况下，不幸福也是自找的，怪不得别人。

现代社会，人们总要追求广告效应，不论是小零食还是快餐盒饭，不论是棉线床单还是芳香内衣，都会套上一句"幸福的味道"或"幸福的感觉"作为广告词。看到的人不禁好笑地想："这就是幸福？幸福未免太简单了。"但是，如果你吃了那食物觉得口齿丰腴香滑，抚摸那布料觉得服帖柔软，心里的那种满足感难道不能叫作幸福？

不要把幸福想得太复杂，只要你愿意降低自己的标准，细细感受，幸福存在于生活的每个角落。生命短暂，生老病死的悲苦我们正在领略，昔日的幸福似乎正在远离，但只要有心，新的幸福也在萌发，每一个阶段，都有新的事物值得你投入，并给你带来新的安慰。人生最有用的智慧，就是关于幸福的智慧，而我们的努力，都是为了自己能够更多地感受到幸福。幸福，是人生永恒的方向。

2.
生活的细节给你最大的惊喜

有一个人酷爱云游四方，每次他回到家里，都会给其他人带一些小礼物，这些礼物不需要花费钱财，只是所到之处的落花，或者一小葫芦泉水，或是一小捧泥土、几块小石子。年纪小的孩子们非常喜欢这个到处玩的长辈，都把他带回来的东西放在自己的小屋子里，或者在桌子上当摆设，或者在水缸里当布景。

远方的一位亲戚来家里做客，觉得这家里跟别处有很大的不同，只觉得角落里总有点滴的生活气息，让人觉得清新宜人。于是他详细询问，并表示很想认识那位四处游玩的朋友。可惜，这位朋友又不知去了哪里，也不知何时回来。

人们常常追问：什么是幸福？幸福的生活应该是一种艺术，每个细节构造都有各自的美丽与意义。澄净的心灵仍能映照点点滴滴的美丽。这种美丽来自一种"随遇而安"的心态。不论走到哪里，都要多看多想，多去经历与询问，你会发现即使是很平凡的事物，也会有光彩夺目的一面。

生活处处都有艺术，看你有没有一双慧眼去发掘，有没有一颗慧心去感受。但如果人的心态是浮躁的、黯淡的，就很难发现那些闪光点。如果心情是阴森的，甚至连美丽的东西都会觉得丑陋不堪，扭曲变形。走到哪里都觉得满心不自在，这样的人，当然不容易感觉到幸福，因为他们的幸福是希望所有东西都顺着自己的心意，而不是察觉那些东西的心意。

培养平静的审美心态很重要。生活常常是烦琐而艰苦的，没有那么多如意事。在这个过程中，如果我们能够发现、感受美，就多了一层乐趣，即使在辛苦时，也能自己给自己找乐子，给心灵以安慰。如果看什么东西都是呆板的，那生活在平淡无奇中，又多了让人厌烦的成分，更加不值得人留恋。懂得生活的人，到哪里都能活得精彩；而对生活不耐烦的人，再好的生活对他而言也是囚牢。

女儿10岁的时候，父亲对她说："我们的家要重新进行装修，这一次，你自己布置你的房间。"女儿说："你和妈妈帮我布置得很漂亮，这次不能帮我吗？"

"不行，你自己来。"父亲说得很坚决。

女儿其实舍不得装修自己的漂亮房间。她的房间是爸爸妈妈布置的，鹅黄色的墙漆，上面有一些若隐若现的羽毛图案。打在墙上的不规则书架，最上层是垂下绿叶的盆栽，如今已经垂满半面墙。其他架子上的相架、最喜欢的小熊玩偶、一个精致的带锁盒子，装着9岁那年她的第一本日记，还有一些她喜欢的小玩意儿。一个透明的玻璃罐子，里面有各种各样的糖果，上面贴了一张纸条，爸爸用漂亮的字迹写着：一天只许吃一颗。还有柔软的床，细密梦幻的窗帘，女儿突然发现，她的房间像一个精心琢磨的艺术品，难怪每天睡在这里，都觉得自己是个幸福的小公主。

"只要用心，我应该也能设计一个漂亮的房间吧？"女儿喃喃地说。

女孩的父母深具生活智慧，他们不错过每一个细节，让女儿的房间充满了父母的爱、成长的点滴、自然的元素，还有小女孩期待的梦幻，幸福是什么？幸福不是打造华美的宫殿，而是不错过每一个让人快乐欣慰的细节。所以，他们的女儿觉得自己是个小公主，而且，正在酝酿培养使自己幸福的能力。

人心也可以是一门艺术，甚至是更重要的艺术。做人要做得漂亮，从性情开始，一点一点研磨，在日常生活中注意一些小细节，就能让你的生活质量和受欢迎程度有极大的提高，当你开始能够从他人的眼神中，揣摩出他的心思，就能在一定范围内满足他的要求，让他更加喜悦。这并不是奉承迎合，而是人与人之间该有的相互体贴——难道非要对方把什么都明明白白表现出来？有些事对方不说，你也应该知道。

培养艺术心态，最重要的是不要错过生活中的细节。太阳东升西落是平常的，但是，如果你愿意仔细看，你会发现日出时的点点光辉，或者夕阳下火红的云彩，都有别样的美丽。和人的相处更是如此，那些看上去粗暴简单的人，也许有你想不到的细致；而那些看着普普通通的人，也许弹得一手好琴。不要小看每一件事、每一个人、每一次经历，生活中的艺术俯拾皆是，需要你慢慢去发掘。

3. 每个人都是最深的宝藏

东山和西山各有一位地主，每一天，他们隔着一条江互相望着对面的山头。东山的地主听说西山上物产丰富，有不少果树。他觉得西山上终日飘着果香，而自己的山头，只有野花野草。于是，他决定拔掉所有植物，专门种果树。

西山上的地主也在烦恼，他卖果子虽然赚了很多钱，但他听说东山环境优雅，处处鸟语花香，十分宜人，于是命人砍掉果树，任由花草树木自由生长。但是，没过几年，两个地主又在互相羡慕对方的生活，浑然忘了现在的生活正是自己追求的。

有个成语叫"邯郸学步"，说古代一个人觉得邯郸人走路好看，特意去学，结果连路都忘了怎么走。很多人因为羡慕别人而失去自我，就像学步的人，就像故事中东山和西山的地主。他们原本的生活都很美满富足，偏偏要无故生事，羡慕那些不属于自己的东西，结果也只是发现得到的还没有原来的好。

幸福有时就像挖井，你挖到的那口井可能没有别人的深，没有别人的甜，但因它属于你，就多了一份厚重的意味。或者说，别人的井水再好，也未必分于你，就算你夺了过来，也觉得差了滋味。因为"不满足"这种感觉，只会在不断争夺中加深，不满足于自己的，更不会满足于别人的，最后只能重复"吃着盆里惦着锅里，吃着锅里又惦着盆里"这个死循环，至于那口名为幸福的井，早已改了名字。

街道上有两家面馆，主打都是各种汤面，一家的面条又筋道又爽口，另一家却黏黏糊糊，料虽然足，口感却一般。后者看着前者生意盈门，很是着急，甚至请自己的朋友扮作客人去对手那里吃饭，想要寻找到对手的"秘方"。

秘方没找来，老板只能自己不断尝试，想要做出更美味的面。大概是天分有限，他做的面始终比对手差了味道。老板很失望，这天，他把放在面上的青菜、牛肉等菜码放在米饭上当自己的晚饭，突然觉得这种饭汤汁鲜美，很入味也很方便。第二天，他又想到更多的配菜。没几天，老板就推出了各种盖饭，小店的生意很快就变得火爆。

如今，两家小饭店都已经扩大了店面，打响自己的招牌，有意在更热闹的商业街开分店。做盖浇饭的老板很庆幸当年没有一味地探索如何做汤面，而是果断地发现了自己的特长，改弦更张，否则，自己的饭店早就倒闭了。

每个人都有独特的优势，只是多数人一辈子都没有察觉到，这真是巨大的遗憾。但是，不是所有人都有盖浇饭老板的机会，能够发现适合自己的道路。有没有一种方法能够发现自我，确定自己的优势？这需要动用智慧，可以是你的智慧，也可以是他人的智慧。

首先要做的是确定自己不擅长什么。这件事有个前提，就是你做什么都要全力以赴，如果浅尝辄止的话，你肯定什么也不擅长，也可能什么都擅长，以发掘自己的角度而言，你等于什么都没做。把那些不适合自己的东西和相关部分剔除掉，不要走回头路，继续去尝试，范围就会越来越小。还可以去咨询那些有经验的长辈，让他们给你一些建议，你试着去做，也会有不错的效果。

天生有某种优势的人是幸运者，但也有可能因为太过重视天分，造成其他方面的瘸腿。而后天慢慢发掘的人，因为底子牢，各方面知识都了解，虽然有大器晚成的遗憾，但是他们的浑厚有力，也不是旁人能够轻易比拟的。

天赋的灵动与后天的积累，都可以成为能力，都能带来心灵上的满足，无法比较哪一种更让人骄傲，因为，前者没有辜负生命，后者却能超越自我。每个人都应该去发现自己的优势与智慧，它们将引你走向幸福之路。

4. 如果苦闷，就换个角度

古时候，有个纨绔子弟仗着家里有钱，经常横行街市，成了地方一霸。少年的父亲数次责打，却没有任何成效。有一次，少年又在街市上惹祸，惊动了官府，而少年满不在乎地留下家奴，径自回家。少年父亲闻之大怒，这一次，他没有责打少年，而是命人将少年送至一深山，封了下山的道路，每日只供给他三餐。并下令三年之内他都不许下山。

少年所住的地方是一座简陋的茅屋，附近只有一座书院，里边有几个念书的徒弟。一开始，少年怨天怨地，也不愿看屋内父亲送来的诗书，整天在林子里大发脾气。这一日，书院里的一个徒弟劝他："既然居于此山，是当有缘，何以整日怨天尤人？"

好不容易有个人说话，少年絮絮地跟徒弟诉苦，抱怨山林寂寞，饮食粗糙，无人慰藉。徒弟说："山林自有山林之乐，不然古代的逸士高人为何独独喜爱归隐山林？你应该趁此领略一下，缓解心中的躁气。"少年哪里肯听，仍旧每天发脾气。

如此三个月过去，眼见父亲铁了心不妥协，少年也不再妄想能提早下山，终于也开始拿起那些诗书，每日在湖光山色、莺飞草长中吟诗作对，闲暇时听书院里的徒弟们谈经论道。不知不觉,三年已过,少年已脱去戾气,当家人来接他,他突然觉得舍不得这一脉青山,诧异自己当年竟对这山如此反感。

习惯铺张生活的少年,到了山里难免百般不习惯,但是,换个角度想想,山里的生活不好吗?抬眼就是青山绿水,每天来往的也都是有智慧的高僧。在这种清心寡欲的环境下,人比一般时候更容易磨炼清雅的品性,所以,少年由一个纨绔子弟,变成了饱学的儒士,当他改变了自己观山看水的角度,突然发现眼前的一切都值得他怀念。

换个角度看生活,生活就是另一番样子。就像用空的木桶打水,你可以抱怨自己的努力不过是把费劲弄到的水倒出去,也可以认为自己的努力就是打满一桶水。万事万物都有两面性,都有不同的角度,如果你不满事物的阴暗面,那就绕半圈,看到的自然就是光明的一面。

因为角度不同,人也就分为两类:一种看事情看到的永远是满满的一桶水,是空山中的鸟鸣花香;另一种人看到的是桶中的空空如也,和山间的一无所有。前者觉得自己一直在拥有;后者觉得自己不断失去。前者的生命是个被填充的过程;后者却觉得自己不断被掏空,马上就要散架。前者是乐观者,后者是悲观者。

外国的一个调查组曾做过这样一个实验,他们取得六百多位志愿者的同意,在这些志愿者去世后解剖他们的大脑,当作实验样本。这个实验经过很长的时间终于完成,科学家们得出了这样一个结论:那些年轻时心境开朗,总是抱有乐观情绪的人,很少患老年痴呆症,而且,因为他们乐观,对心脏压力较小,他们的平均寿命比那些悲观的人长十年左右。也就是说,乐观,意味着延长寿命;悲观,意味着提前死亡。

不同的人对待相同的境遇,为什么会有不同的看法?同样面对困境,有些人斗志高昂,有些人却萎靡不振。而且,悲观者的生活总是充满负面氛围,即使在最优越的环境中,他们也会觉得自己被束缚、被压抑。这都源自他们的负面心理。他们从来不去看好的一面，只看到对自己不利的东西，自然会越来越消沉，直至影响健康。

乐观者看到的总是阳光，悲观者的世界却总是阴雨绵绵。无法改变现状的时候，就要改变自己的心情。每一种生活都不是一成不变的，也不是单面二维的，当你拆开生活的表层，会发现里边的学问大着呢，可谓高深莫测。例如一个普通的技术工人，如果肯静下心来钻研他的技术，力求越来越精细，越来越高效，他也许会因此发明一种生产技术。蒸汽机是怎么发明的？黄色炸药是怎么发明的？不都是科学家看到枯燥甚至危险的工作，萌生出了创造的想法吗？于是这想法改变了现状。

人们很难保证绝对的悲观和绝对的乐观，多数人都在两者间摇摆，对待不同的事，倾向不同。悲观的时候，要学会调整自己的心态，让自己站到更高的地方，那些困难和伤心就会变小。要相信自己的智慧，相信凭借自己的能力，能够扭转令人失望的局面。有些事当你认为不可能，你就永远失去了行动的机会；当你相信它可能，看问题的角度就会发现极大改变，会发现越来越多的有利因素，你只要将它们一一收集利用，就能构筑你的成功。

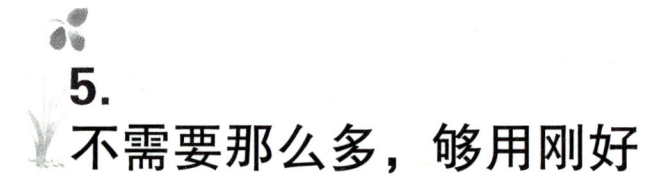

5.
不需要那么多，够用刚好

一天，师父和小徒弟起了个大早，去了集市。

在集市上，有各种各样的货品，吃的、穿的、玩的，小徒弟看得眼花缭乱，但想到在书院里并不需要这些东西，他就没有购买的念头了。这时，他看到一个和他差不多大的小孩，手里拿着一堆麻糖，正缠着父亲给他买糖葫芦。小徒弟又看到，一个妇人篮子里放满了布料，但看到精致的布匹，她仍然两眼放光，忍不住扯上几尺。还有牵了两匹马的年轻人，看到优良的马匹，忍不住多牵几匹……

"师父。"小徒弟好奇地问，"为什么他们要买那么多东西？明明已经够用了，买到手也是浪费。"

师父说："因为人总觉得自己需要的太多，却忘记自己不需要的东西其实更多。"

其实一个人的双手能有多大，能拿得起多少东西？就算用了手推车，大货车，只要想要的东西多，总是不够装载。得到什么并不难，难的是如何安置。好不容易弄来的，总不能随随便便丢掉，但一个人的房子太满，心灵太满，再好的东西也只能局促地塞在小角落里。

人若能知道自己不需要什么，既是一种智慧，也是一种幸福。试想我们的生活中究竟需要些什么？不过衣食住行加上自己的情感与爱好，如果这些东西没有限定一个范围，那就成了一个人买电视，黑白换彩电，23寸换32寸，再换家庭影院，无限制升级下去，但其实他看得最舒服的那个，也许不是最贵的。他的房子里也放不下这么多彩电。最后他烦了，随便选了一个放在客厅，看上去也不比他人差。

仔细想想，我们不需要的东西，远比需要的东西要多。就拿爱情做个例子，你是需要很多优秀的异性对自己痴迷，为自己付出，还是希望自己的心上人能够喜欢自己，与自己一起生活？答案是明显的，很少有人愿意留恋不喜欢的东西，而喜欢的东西，都是弱水三千的某一瓢，只要这一瓢喝到口中，其他的不过是过眼云烟，有或没有都不重要。

人们都说，女人的衣橱里永远少一件衣服。

费小姐就是这样一个喜欢买衣服的女人，尽管她家的两个大衣橱都已经挂得满满的，她还是每天都烦恼同一个问题：今天又没衣服穿。其实她的很多衣服都只穿过一次，甚至没穿过。她每个月定期的活动就是为自己选购新衣服，每次都满载而归，又每次都不满意。

有一天，上司通知她去山区工作，爱美的费小姐原本准备拿几件衣服，没想到通知下得太快，机票就订在第二天凌晨，她根本没有机会选择，只从衣橱里随便抓了两件。

一个月后，她从山区回来，有人打趣她说："这个月只穿那么两件衣服，是不是很憋屈？"费小姐说："不会，我的红风衣已经成了我的标志，远远走过去，大家都知道是我。现在想想，以前在衣服上浪费的时间还真多，现在才知道衣服少一点，我也照样活得很好。"

很多人愿意承认自己需要的东西不多，例如女人总说自己想要的衣物不多，只是在选择的过程中，需要找到最适合的那一件，就要买很多件来尝试。在生活中，这种说法无处不在，人们都说，只有经过对比，才能知道什么最合适，什么最好。但是，他们不能解释为什么不是每个人都是花花公子，谈很多次恋爱，更多的人都认定身边的那个就是最好的。

人们很难克制自己的贪念和占有欲，认为富有就是幸福，但他们也常常觉得自己的生活被不需要的东西填满，真正想要做什么，生活却像一个眼花缭乱的大衣橱，让自己无从选择，只能胡乱搭配。这个时候，人们宁可自己的衣橱小一些，衣服少一些，至少能让自己快速选择，而不是面对上百个选项，光是看这些就要用去半天时间。

对有智慧的人来说，幸福不在于拥有一个仓库，而是能在仓库里拿到最贵重的宝物。只有这宝物才能给你最好的感受。人只有一双手，要知道自己最重要的东西是什么，牢牢地捧住，才算没有辜负生命。否则丢了西瓜拣芝麻，到最后手中剩下的，也许是最没用的一个，你根本不想要。

贪婪带来生活的苦涩，因为贪婪让你对任何拥有的东西产生不满，认为它们不够好，总想要找一个更好的。它们的实际价值被你大大贬低，你占据它们，它们却让你更加不幸福，这个过程还会不断重复，你会一直寻找下去，直到找不动为止。难道非要在这个时候，你才肯看一眼自己已经拥有的东西，察觉它们的可贵吗？知足常乐，还是从现在开始接受现状，发现现实中的美，才能让你体会到真正的幸福。

6.
在每一件小事上付出努力

  眼高手低是不好的习惯，这个不愿意干，那个也不愿意做，总想着自己能够惊天动地地干一番事业，却不想想古人说"一屋不扫何以扫天下"有何道理。天资聪颖的人，但若不能戒掉浮躁，踏踏实实做事，再多的聪明最后也逃不出投机取巧，难成大业。

  人生的意义常常蕴藏在一些小事中，就像灵魂虽大，心却只有小小的一颗。做好小事，就是对未来的一种迎接。例如每个人都期待美好的爱情，可是很少有人能抓住最适合自己的那一份，有没有想过这是什么原因？因为最理想的爱情往往是年少的时候，那时候感觉最纯、最对味，可是那时候的我们却不懂如何迁就，如何付出，以致白白放手。如果我们早就学会察觉并珍惜他人的奉献，懂得欣赏他人完整的个性，懂得在细节处表现自己的耐心——假如我们早就具备了爱人的能力，我们还会错过最美丽的那段爱情吗？

  生活也是如此，我们做的很多小事，也许的确不能给我们带来实在的利益，但却使我们沉淀一种习惯，一种凡事都认真的习惯。习惯了打磨每一个细节，保证不出纰漏，才能在更高的台阶上保持谨慎，不被小事绊住脚。

就像一个数学家，演算得越是精细，实验结果就越是接近设想，但中间一个疏忽，就会导致全盘皆输。

智慧更是如此，最初，你看到的永远都是一小块知识，但这知识是片面的，管窥蠡测，就像小孩发现花落了会结果，在大人眼中不算什么。但你若连这一点小知识都搞不懂，走到哪里都会闹笑话。通过这个知识点，你能衍生出更多的疑问，例如花与果的关系，例如植物如何供给营养，例如果树的分类……只要你有足够的耐心，你就能有更多的智慧。

一个女人在手机厂工作已经五年，她每天的工作只有一件：坐在生产线旁边，从传输带上拿下机壳，装一个零件，然后放回传输带。她觉得自己的青春与生命就在这传输带上白白耗费。她和爸爸商量，想要辞掉工作，但关于未来，她却毫无打算。

爸爸问："你为什么觉得你的工作烦闷？"女儿说："每天做的不过是一个零件，有什么意思呢？"父亲说："但是没有你装的零件，手机根本不能使用。"见女儿不说话，父亲又说："那些砌砖瓦的工人，工作比你更枯燥，但没有他们，任何一座高楼都建不起来，即使很小的事也不能小看，因为少了它，大事就不完整。"

我们每个人的工作，其实都由小事组成，主管也好，工人也好，都在做属于自己的那一部分。小看细小部分，就看不到真正的完整。意义这种东西有时仅仅是个人看法，一件事你认为有意义，才会认真对待，它就真的变得有意义；你若觉得它可有可无，对它马马虎虎，它即使重要，也会被忘在脑后，根本发挥不了作用。小事的意义就是如此。

在这里仍要说说禅宗的处世智慧，在禅者看来，没有什么事是小事，包括平日的洗衣烧饭，行走休息。只要一心一意去做，满脑子想着如何将这件事做得更好，这就是一种修为。何况有时候，一个毫不起眼的变化，却能够成为扭转时局的关键，你没有全身心地集中注意，怎样捕捉这些转瞬即逝的细节？做好小事，也是在培养扎实的能力，从经验中提炼出敏锐的判断力，这些都是你的跳板，在机遇到来的时候，它们会助你一飞冲天。

每一件小事都值得你努力，不论多么远大的理想，也要从最小的一步走起。把你放在高台上，你能成为跳水冠军吗？也许你连游泳都还不会。所以，静下心来，去学习如何摆动手臂双腿，如何旋转身体，还要克服心中的自负与恐惧。试着回想一下吧，小时候第一次走路，那种心惊胆战却期待的心情，能够走上几步的幸福感。如今，你读万卷书行万里路，有没有轻视最初小小的一步？想到这里，你还能轻视小事吗？人如果学会在小事上惜福，必然会对事物有更清醒的感受，也必然会有更大的成就。

7. 让自己常常感到满足

村里有个富人很吝啬，他每天都在赚钱，却每天都不知足，想赚更多的钱。他有个从小一起玩的朋友，年幼便出家，现在是一位得道禅师。禅师经常来找富人叙旧，给他讲一些佛家道理，也常常劝富人不要太贪婪。每当禅师说起"知足常乐"，富人便面露不解，对禅师说："人活着就是要有所追求，如何知足？我不信你的话。"

有一天，富人得了重病，一病就是大半年，好不容易才有了起色。禅师常常来探望，看到富人好了起来，也放宽心。富人突然对他说："以前你总对我说'知足'，我这个没心性的根本不懂。不过，在我病重的时候，我想要好好喘一口气、想要头脑清明一个时辰、想要说话时口里不含着半口痰都做不到，这才知道健康的好处。现在我明白，只要活得健康自在就足够人知足，又何必醉心于那些身外之物！"

禅师说了很多遍却说不通的道理，通过一场大病，富翁竟然全懂了。在病中，他明白了健康有多重要，也明白了再多的追求，抵不过幸福健康的此刻。佛家戒贪婪，皆因世人总在汲汲营营，满足自己的贪欲，进而困住自己。当然，世界上有很多人没有这份慧心，即使生了再多场病，他们还是会为了一时的满足，继续糟蹋自己的身体。

人为什么会变得贪婪，因为有所求，也是因为求之不得。羡慕别人有的自己没有，到了手又觉得不够，所以才会一直追，不管身后的东西已经够自己用上几辈子。而且，贪婪几乎都会伴随吝啬，越是贪婪的人，越要把所有东西握在自己手里，不与任何人分享。于是，他们对他人的困难表现出极端的冷漠，甚至会剥夺别人的生存机会。

欲望的沟壑是无穷的，永远也填不满。所以应该在源头堵塞。不要总是想着要过多的东西，满足需求就是刚刚好，所有过量的东西都会变成肩膀上的负担，最后想扔也扔不了，耽误你的行程。拥有与幸福并不成正比，并不是拿到得越多，心理就越满足。有时候心被占得满满的，反倒失去了一开始的轻松，觉得处处有负担，一刻不能解脱。满足欲望很重要，控制欲望更重要，不然，生活就像洪水，使你无处安身。

一个小孩在院子里玩，手里拿着一个又红又大的苹果，在妈妈买来的一篮苹果中，这个看上去最漂亮，小孩子舍不得马上吃掉，一刻不离地拿在手里。

小孩正在得意，突然看到一个女人领着自己的孩子经过院子，那个孩子的手里也抱了一个苹果，比他手里的更红、更大。这个孩子立刻觉得不开心，丢掉手里的苹果对妈妈说："给我买一个更大、更红的苹果！"妈妈说："那要是你看到一个比这个还大的，该怎么办？再买一个吗？"

生活中的许多不如意，都来自于和他人的比较。盲目的比较造成心理的严重失衡。生活有时就像小孩子手中的红苹果，世界太大，你总能看到更大更红的，如果一一去比较，累不累？何况，你怎么确定那个更大更红的苹果一定是甜的？也许只是看着漂亮，咬在嘴里没有一点汁水，远远不如你拿的这一个。

莫羡人有，莫笑人无。每个人都有自己的贫穷和富有，但总的来说，只要够努力，现在的生活就适合自己。为什么一定要盯着别人手里拿着什么？想要别人的东西，总要遇到两个最实际的困难：一、你有能力拿到吗？如果根本没有能力，就一直眼红下去？二、你拿到后发现不好怎么办？如果还能拿着以前的那个倒也不错，可有些时候有些东西不是一直属于你，你放下，别人就会拿走，你回过头想找，不好意思，没有了，谁让你贪心呢。

生活的智慧在于知足。贪图那些生活以外的东西，即使筋疲力尽，还是没追到最想要的。而知足的人，他们并非没有追求，没有理想，但在生活中，他们总会珍惜拥有的那些东西，并在其中感受到幸福，他们的幸福来自生活之内，心灵自然一天比一天快乐。

人生的乐与苦也遵循着某种平衡，你懂得调节自己，拿自己的拥有对比他人的缺失，自然就知道生活没有薄待你，你的努力也不是没有意义；如果一味拿自己缺少的去比别人拥有的，那你会发现是个人就比你好，因为每个人都有自己的财富。这样比下去，你成了世界上最不幸的人，真是自讨苦吃。所以，还是尽量去感受那些幸福的事，别总关注别人在做什么，想一想，你拥有什么，你该如何对待自己所拥有的，这才是幸福的功课。

8.
不必活在别人的羡慕里

小徒弟刚进寺院的时候，他每天都抢着干各种活，为的是得到师父和师兄们的夸奖。如果大家夸了他，他就会志得意满，反之，就会一天都闷闷不乐。小徒弟既聪明又可爱，多数人都会顺着他的脾气鼓励他，这让他更加起劲地想得到别人的夸奖。他也总是对别人说自己多有能力，多有悟性，对此，师兄们都报以宽容的态度。

一天，小徒弟帮师父种的花开了，他兴高采烈地告诉师父这个好消息，并吹嘘自己多么努力。师父含笑问："你说这花香吗？"小徒弟说："当然香了，一朵开花，满院子都是香气。"师父说："那么这花有没有像你一样，把自己的香气和美丽到处说？"

小徒弟没回答，他是个有悟性的人，一下子就明白了师父的意思，从此，他仍然努力，却再也不吹嘘自己，再也不强求别人夸奖他。

从某种意义上来说，虚荣是人的一种天性。即使小孩子，也总想穿漂亮的衣服让人称赞。但是，如果像寺里的小徒弟，做什么事仅仅是为了得到别人的夸奖，就会养成功利性的性格，做什么都讲求目的，甚至完全失去自己的喜好，只为了别人羡慕做事，完全活在别人的眼光中。

适量的虚荣不是没有好处，虚荣可能让人肤浅，也可能让人更快地明白自己想要什么样的生活，想要成为什么样的人，并朝这个方向努力，得到金钱、地位、更好的生活条件，追寻的步伐从此开始。在这个过程中，他们慢慢坚定目标，洗去浮躁，变得务实谦逊，渐渐成了别人羡慕的对象。

虚荣一旦超过限度，心灵就会发生扭曲。欲望会像毒草一样长出藤蔓，将人的灵魂牢牢捆绑住，越勒越紧。虚荣的人越来越在乎外在的东西，他们不论做什么，都迫不及待地想知道别人的反应，热切地想得到外界的赞美，他们把自己的价值建立在一个极不牢固的基础上，越是在乎，就越是掏空自己，这时候，悲剧就会产生。

付小姐是一家外资企业的白领，平日最大的爱好就是追求名牌。她每个月都要订阅十来本时尚杂志，立志要做个时尚弄潮儿。她的手机总是随着潮流更新换代，她的皮包能花掉普通打工者三个月的薪水，就连她穿的丝袜也是日本进口的名牌。

不要以为付小姐是个小富婆，她只是擅长省吃俭用，把所有工资都砸在购买名牌上。她说这是没办法的事，因为"办公室的员工个个都穿名牌，我不能穿得太寒酸"。——付小姐的办公室还有三个员工，一个是月薪近十万的经理，一个是家里很有钱的大小姐，还有一个有个事业有成的老公，对她们来说，奢侈品不算什么，付小姐非要跟上她们的脚步，让自己光鲜漂亮，不顾实际情况，也难怪她总是觉得入不敷出，身心疲惫。

我们常常觉得不幸福，是因为总是觉得不满足，总是羡慕别人的生活。当自己没有那份能力时，就不要像故事中的付小姐那样，给自己搭一个美丽的空架子，让别人一眼被唬住，投以羡慕的目光，满足一颗空虚的心。虚荣的人总是在追求表面化的东西，他们不是不知道内在的重要，但是，当心灵被过度的虚荣占据，满足它才是当务之急。

虚荣的人总在追逐别人的生活，今天看别人买了一部手机，自己也要买一个更好的；明天看别人换了一台电脑，恨不得自己的电脑马上也更新换代；大后天别人身上穿了名牌，自己肯定要找出衣橱里最贵的衣服……攀比就像心灵的毒瘤，让你时刻不愿落后，一定要盖过他人的风头，可是攀比过后，你究竟得到了什么？

虚荣的满足感是虚幻的，虚荣者最在乎旁人的目光，而那目光也是虚的。可能是逢迎，也可能是伪装的羡慕，实质却是不屑。为什么虚荣者容易"露馅"，让人几眼就能看出他们的华而不实？就是因为他们没有表露出与外表相称的智慧。什么叫作与外表相称的智慧？例如，当你手上戴了一块名牌手表，你的谈吐也要随之有品位，不是谈论名牌，而是谈更高深的东西。那些真正富有的人，很少愿意不停谈论金钱，对他们来说，其他东西更值得追求。

　　人的心灵应该是一朵绽放的花朵，香远益清，不需要过多的语言，不需要琳琅的饰物，他们自身的美德与能力，足以支撑自己的形象和精神世界。有智慧的人懂得精神独立的重要，人的精神独立于外界，超越旁人的眼光，不需要映衬和比较，只需扎根发芽，滋生繁茂，自然会成为一道真实的风景，比起虚荣者浮夸的招摇，这种真实虽然朴素，却更接近幸福。

9. 有些事，说太清楚便是无趣

　　两个小徒弟经常吵架，吵到不可开交的地步。一日，他们又因为一件小事发生争吵：刚刚来了位女顾客，神色恍惚，口中念念有词。一个小徒弟认为女人一定在为自己的孩子伤神，另一个却认为女人在怀念自己的丈夫。

　　两个人争执不下，一个跑去找老师，老师说："你是对的。"

　　另一个不服，也去找老师，老师说："你是对的。"

　　这下两个小徒弟不干了，他们问老师："怎么可能两个人都是对的！

您太滑头了！"

老师说："你说的这句话也对。"

两个小徒弟面面相觑，一连想了几天，终于顿悟。后来，他们果然减少了争执的次数。

在小徒弟们看来，老师"滑头"，为了"不得罪"徒弟，竟然做了"骑墙派"，不过，世界上的事可不就是这样，有些事你做的是对的，别人用另一种方法做了也没错；你想的是对的，和你相反的人也不是没有道理；此时是对的，过段时间环境变了，也许就变成了极大的谬误……老师想告诉他们的是：万事万物没有绝对，能糊涂的时候，不妨糊涂一点，太过分明，反而远离真相。

有一种人，凡事都要争个是非对错，在他们的世界，黑白分明，没有任何中间地带，所以，他们总是走在边缘，一边是他厌恶的"中庸者"，另一边呢？常常是悬崖峭壁，一个不小心就会跌下去。有些事的确需要一个明确的答案，例如科学需要的就是一个最精确的数值。但在人情问题上，在个人思想上，你去哪里找这个精确数值？

人们总认为智慧就是事事想得明白说得清楚，但真正有高深智慧的人，明白事事其实想不明白也说不清楚，每个人都有自己的思维判断方式，有自己的目的，还有不可抗因素的影响，导致了一件事总是难以捉摸。就像爱情，你如果说得明白你爱你的爱人哪一点，不爱哪一点，在什么情况下会分手，在什么情况下会考虑结婚，别人会严重怀疑你是否真的爱这个人。而爱情美满的人其实都带了点盲目和迷糊，为两个人的快乐忽略不足，有时候知道对方不对，也装个糊涂——过日子又不是做实验，何必那么累？

有个县城地处偏远，居民面临缺水问题，每天，居民都要走上五里路挑水回来，累得苦不堪言。新上任的县官听说这件事，灵机一动，把这条挑水的路改名为"三里路"。不知为何，从此居民们再走这条路，都觉得只有三里长，而路的长度其实根本没改变。

有个行人路过这里，对县官说："我量过这条路，明明有五里，为什么叫'三里路'？"县官说："其实谁都知道这条路有五里，改个名字，大家心理压力小了，脚程自然就变快了。凡事如果琢磨得太明白，活得就不会舒服，是不是这个理儿？"

五里路或者三里路，走起来的感觉肯定不同，不过，居民们都在这糊涂的路名里得到了一些安慰。自己骗自己对不对？要看什么事。自欺欺人肯定不对，但若是只为了缓解压力，为了息事宁人，为了事情更顺利，该糊涂的时候一定要糊涂，聪明了才会坏事。而且你还要看明白谁在装糊涂，在别人装糊涂的时候，千万别去打扰，扫了别人的闲情逸致。

人们常说难得糊涂，这其实是一种自我解嘲。很多时候，人世有千般无奈，并非人力所能掌握，要是一一计较起来，就会没完没了。在无能为力的时候，不如糊涂一点，不要过分自责，你不是没有努力；不要嗔怪他人，他人也有自己的难处；不要把不该说破的事说破，人们让它维持在那种状态，是为了大家好。举世皆浊我独清，也要看看时候，看看地点，除了特定事件，太过清醒就是与自己过不去。

事情看得太明白，也就没意思了。就如感情，我们都说感情纯粹，但父母之间、朋友之间、爱人之间，难道就没有利益纠葛？难道就没有心理隔阂？恐怕比旁人还要更深一些。糊涂，只是一种你在无奈中保护自己的办法，让你能够全身而退，以旁观者的角度看待事情，减少伤害。而且，你装一次糊涂，保全的可能是别人的面子，成就的也许是别人的大计，他们对你的糊涂，心知肚明，心里有感激，有愧疚，总有一天会化为报答。

10.
无所畏惧的人最幸福

克服恐惧很难，因为人的能力毕竟是有限的，没有人能有完全的自信，也没有人甘愿接受任何结果。人们总在"想要达成"和"无法达成"之间忐忑，在朝自己逼来的巨大阴影前战栗。恐惧带来懦弱，带来行动的迟疑，机会的错过，然后就是悔恨与悲伤，有时候，人们的失败不是因为能力不足，而是恐惧心理完全压倒了前进心理，让人们想要撤退，或者原地束手就擒，这是恐惧带给人的最大危害。

人们最害怕的不是恐惧本身，而是想象中的结果。就像一个即将要做手术的人，他的脑思维会非常活跃，想着医生的刀会从哪里切开，想无影灯照在身上的晕眩感，想护士们紧锁的眉头，似乎病人再也没有希望，想缝线后剧烈的疼痛……还没手术，他已经被自己吓得战战兢兢。等到自己躺上去，麻醉一打，浑然无觉，睁开眼发现阳光明媚天气晴朗，除了刀口的疼痛，病魔一扫而光——恐惧的事物，有时不过是上一次手术台，没你想的那么可怕。

邦德先生在回家的路上，看见一群小孩正在打架，他看到站在中间的那个，正是自己的儿子小邦德。这个时候，当父亲的都应该冲上去保护孩子，但邦德先生发现儿子并没有看见自己，就选了个不起眼的角落，在一旁观察那些孩子的举动。

小邦德显然很着急，急得面红耳赤，包围他的是一群比他高大的男孩，为首的一个说："那件事一定是你告诉老师的，你认不认错？"小邦德说："我没有！"争论到了最后，大孩子们硬要小邦德服输，小邦德就是不肯服软，显然，他宁愿挨一顿打，也不愿向眼前的人低头。孩子们僵持着，最后那个大男孩说："真没想到，你挺硬气。"说完，带着其他男孩扬长而去，小邦德不明所以地站在原地，邦德知道儿子刚刚凭借自己的勇气获得了别人的尊重，心里非常骄傲。

最能与恐惧对抗的不是心理安慰，而是自己的勇气。就像故事中的小男孩，他肯定不是大男孩们的对手，但他毫不畏惧的眼神，却让几个比他大的人折服，再也不敢小看他。不是所有人都有这种勇气，看到人数多，更多的人会服个软，像小男孩这样硬撑的人也不多。也许在男孩心中，最坏的结果不过是挨打，但挨打好过屈服——这种刚硬就是勇敢。

对抗恐惧靠的是勇气，战胜恐惧靠的是行动。不管你说多少遍"我不害怕"，都不如亲自做一做你害怕的那件事，才能真正明白对方的虚实。有人看到游泳池就犯晕，多下去游几次，会发现水有浮力，只要姿势正确，想淹死也没那么容易。恐惧在很大程度上来自于自己的想象，人们会在头脑中不断渲染自己最害怕的场景，越想越逼真，越想越觉得情绪崩溃。想要克服恐惧，首先要让自己往好的方面想，想着那个最好的结果，用美好的感觉激励自己。然后尽快鼓起勇气行动，才能促进自己了解恐惧的实质，再也不必害怕它。

还要记得，人们应该战胜恐惧，但不能没有敬畏的心理。例如，我们必须敬畏生命，敬畏先哲，敬畏知识，敬畏自然……有些时候，我们可以把玩世不恭当作潇洒，把无所畏惧当作勇敢，但如果没有这种敬畏心理，我们就会无法察觉到自己的无知，变得狂妄自大，无所顾忌，终将因为自己的没轻没重酿成大祸。真正的智慧是什么？是在恐惧面前，大无畏地走上去，在值得膜拜的事物面前，谦卑地低下头，聆听它们的声音。

第九辑
人生是一场心灵的修行

如若只看到生老病死的无奈、颠沛沉浮的苦楚,

那么这跌跌撞撞、忙忙碌碌的生活就失去了其原本的意义。

人生的本色从来不浮于表面,而是存在于心灵深处。

它是一场心灵的修行,苦与乐的经历,都是为了丰盈一个人心灵的修为。

1. 活出自我，就活出了精彩

有这样一个人，他有四个朋友。第一个朋友常年陪伴着他，不论他做什么都不会离开；第二个朋友很有权势，人人都羡慕，对他也很好；第三个朋友关心爱护他，不论他有什么困难，都会及时出现；第四个朋友似乎很忙碌，但别人完全不知道他在忙什么，有时候他常常出现，有时候却像不存在。

一天，这个人要去远方，想找一个人同行。第一个朋友说："路途太远，恐怕我不能陪你。"第二个朋友说："我不去，因为我不属于你。"第三个朋友说："千里搭长棚，没有不散的宴席，我只能送你到这里。"只有第四个朋友说："不论你去哪里，我都会跟随到底。"

每个人一生都有这样四个朋友。第一个朋友是人的肉体，第二个是金钱，第三个是朋友，但是，死亡的远行一来，这些都要和自己分开。而第四个朋友指的是人的心性，它永远跟随你，不论你贫穷还是富有，生或者死。

这四位"朋友"象征了人生的四种拥有：肉体、财富、感情、灵魂，这四种东西都是美好的，但是，多数人都会追求前三者，希望满足肉体的各种欲望，希望手里有大笔金钱，希望自己有很多人喜爱，很多的感情。人活着，追求的是什么？也许就是这些。但其实，比起自我，这些都是次要的。

芸芸众生中，懂得发现自我，肯定自我，又能超越自我的人，都有一颗慧心。没有自我是件可怕的事，肉体的欲望能够满足，但没有自我，我们不过是锦衣玉食中的行尸走肉；财富的需求可以满足，没有自我，我们只是保管财富的奴隶；感情的需要也能够得到，但没有自我，我们只是他人的附庸——唯有保持自我的灵魂，才能体味真正的快乐，生命，最重要的不是身体上的满足，而是心性上的充实。

一个徒弟正在收拾自己的衣服和书籍，他被师父委派到一个偏远小镇，去当一座书院的掌事。他的好友惋惜地说："去了那种小地方，这辈子都可能回不来，你一直是这里最优秀的人才，要不是得罪了师父，怎么能被派到那种地方？不如你和师父认个错，不然，你的大好前程就没了。"徒弟却说："我没错要怎么认？何况前程也不是我该担心的问题。"

徒弟去了书院，每个月他都会收到朋友的来信。朋友表示，师父其实还很喜欢他，只要他愿意认错，就可以把他召回去。徒弟置之不理。后来朋友又来信，说师父想推荐你去首都学习，但你必须认个错。徒弟又一次表示自己没错。

一年后，徒弟被师父叫回，师父说："既能坚持自己，又不在乎名利，这种素质真是难得，我想以后，你一定能成为优秀的人才。明天你就去首都，去跟着更好的人学习吧。"

徒弟并非不在乎自己的前程，但是为了坚持自我，他宁愿放弃这机会。不做违心的事，不说违心的话，这就是徒弟的选择。动不动就迎合别人，改变自己，连基本的是非都没有，这样的人不会有自我，他们只能随波逐流，按照他人的标准生活，直到他们弄不清自己过的到底是谁的生活，他们的人生意义究竟在哪里。

一个没有自我的人是可悲的，他们的生活常常陷入一种"漫无目的"的状态中，不知道自己要什么，也不知道满足是什么，跟随着别人的脚步走，或是干脆浑浑噩噩地活着。其实，迷茫的人，缺少的是做人的基本智慧。基本智慧不是指学业上的智商，为人处世的精明，而是首先要学的就是发现自我。自己是谁，自己想要做什么，自己欠缺什么，都是一个人必须了解的。自我不是空想，自我既需要心性的修为，也需要安身立命的能力。自我，必须是由内而外的，既要有思想的闪烁，个性的支撑，又要有外在的能力，以事业做外延。

生命宝贵，谁也不希望自己有一个庸碌的人生，但大多数人却庸庸碌碌地过了一辈子，他们总说"很忙"，到最后却发现自己忙得毫无意义，仿佛身体来人世走了一遭，什么也带不走，什么也没留下。

不要让人生有这样的遗憾，要像匠人打磨原石一样打磨自己的心性，做一个与众不同，让人佩服的人，与财富无关，与地位无关，自我，才是你今生最大的成就。

2. 了解自己的缺点才能进步

一个画画很好的小徒弟颇为自负，因为各个书院里的老师都会慕名请他画画，他也越来越飘飘然。他的师父说："你要记得人外有人，不要取得一点点成绩就骄傲，如果你不了解自己的缺点，只会故步自封。"

小徒弟压根不觉得自己有什么缺点，但他很尊重师父，他说："那我应该怎样知道缺点？"师父说："你拿一幅画，别说是你画的，然后给所有人看，让他们挑出画的缺点，拿笔画个圈圈。"小徒弟不以为然地照做了。

结果大大出乎小徒弟的意料，他发现自己的画几乎每个部分都有缺点，很受打击。师父说："怎么样？你不是没有缺点。但是，别人说的并不一定是对的,你应该仔细研究,把那些真正的缺点改掉。"

这一回,小徒弟不敢再自傲。从此,他每画一张画,都会仔细询问他人的意见,而且不再随随便便给人画画,而是下苦功对待每一张画。他的画技越来越好,看到的人都说,他会是未来的国手。

不了解自己缺点的人,就像坐井观天的青蛙,永远不知道井外到底有怎样的景色。他们总以为自己是最好的,根本不承认别人。别人的优点在他们看来"不过如此",不管别人如何对他们讲述,他们坚信自己已经看到了全部。这样的人,因自负而无知,他们不是没有成就,但只能得到一定成就,不会走得更高,因为他们根本看不到更高的目标。

举个例子,一个旅行者如果想去更远的地方旅行,他首先要看看自己缺少什么,是护照,是语言,还是资金?这些都有可能让他不能成行,只有全部解决才能保证玩得愉快。不知道自己缺点的人,就像一个空手去旅游的人,他以为自己很浪漫,以为自己很能干,但绝大多数时候,他都觉得捉襟见肘,常常一筹莫展,最后中途而返。

当别人给你提出缺点的时候,虚心的态度是关键。就算别人提得不对,也不要翻脸,更不要出言讽刺对方"不懂",不然他再也不会给你提任何意见。还要经常向有学问、有经验的人请教,没有人讨厌好学的人,只要你不要问得太频繁,多数人都愿意帮助你。

一只知了在树荫下大叫:"知了!知了!"路过的蜜蜂问:"你天天大叫'知了',你到底知道些什么呢?"知了说:"我什么都知道,至少知道的比你多。"蜜蜂说:"那你知道怎么采蜜吗?""那是你们蜜蜂的工作,我不需要知道。"知了回答。

知了继续在树荫下大叫,一只蝴蝶飞过,问道:"听说你什么都知道,你知道草丛的花有多少种类吗?"知了不屑地说:"只有你们蝴蝶才会注意这些没用的事!"

日复一日,知了还在叫着"知了",但是所有动物都清楚,它除了自大,什么都不知道。

世界上有一种人和进步无缘，因为在他们心目中，自己就是全世界最好的，有全世界最丰富的学识，最高超的能力，最和睦的人缘……即使有人提醒他们事实并非如此，他们也会说"和我有什么关系"；如果有人说："××就比你好"，他们会立刻反驳"××没我漂亮"；如果有人讽刺他们，他们会大发雷霆……他们守着自己那点可怜的自信，变得目中无人，或者说，他们拒绝看其他人究竟如何。于是，他们变成了眼高于顶的"知了"。

自负的人说话没有任何分量，就像人们听到知了叫得声音很大，却完全听不懂内容。有缺点其实不可怕，可怕的是把缺点也当作优点，认为自己是个浑圆的球，没有什么瑕疵，实际上，在别人眼中，你不过是个不起眼的芝麻，再圆的芝麻又有何用？人们甚至很难看到你。在这种情况下，你叫再多声"知了"又有什么意义？不过白白惹人笑话。

真正有智慧的人也会有自负的一面，只不过他们的骄傲表现在遇事时的自信和决断：不会畏葸不前，犹犹豫豫，他们对事情有把握，但不会大力张扬，只会把结果摆在别人面前。自负的人就不一样，虽然平时说得唾沫横飞，到了关键时刻却只会落跑。多数时候，他们"聪明"地不去接触那些为难的事，这样就不会使自己露怯丢脸。他们甚至把这叫作"自知之明"——维持自尊到这个程度，有点可怜。

真正的智者比常人更懂得谦虚的重要，他们常常是低调的，总是愿意向那些懂行的人学习，如果有人为他们提意见，他们不会像自负者那样恼羞成怒，毫无气度，而是会感谢那些提意见的人让自己有机会取得更大的进步。

谦虚为人，善于向别人学习，是一种难能可贵的心。这样的人，生命状态永远是向前的、向上的，让人能够预料到他们来日的不凡成就。

3. 不辜负自己的善念

一位老师和他的十几个弟子在雪地里行走，弟子们惊奇地发现，老师的脚印印在雪地上，是一条笔直的直线，而弟子们的脚印却歪歪扭扭，留下凌乱的足迹。他们问："师父，为什么你的脚印是直的，我们的脚印却是歪斜的？"

老师说："那是因为我走路时看着远处的那座山，有了这个目标，路就会变得笔直，而你们走路时心有旁骛，东看看西看看，自然就会歪歪斜斜。还有人走路只盯着自己的脚，走歪了路还不自知。如果没有固定的目标物，人很容易就走上歪路。"

徒弟们按照老师的说法走路，果然，他们的脚印变得笔直而整齐。老师又说："人生在世也是如此，依照自己的良心做事，才不会走上'斜'路。"

走路的时候没有目标物，很容易走歪，生活中如果没有一定之规，就容易做错事。这"一定之规"，并不是颁发的法律法规，也不是社会道德舆论，而是自己内心的良知。它会在无人看到的地方限制你，在这种"规矩"下，一个人很难走歪路，违背正直的方向。

事实上，歪路比错路更可怕。人们发现错误，会及时回头改正，而走歪路却是在前进方向上的小小偏离，不易被察觉，甚至察觉了也觉得没什么。随着路途越来越长，你会发现目标越来越远，越来越不可抵达。一个念头歪斜，脚下的路就不再通向终点，这种细小的偏离必须警惕，每个人都要注意的。人们也唯有凭借良心，随时提醒方向，让自己的双眼始终看向目的地，保持行动与路线的笔直。

人心易受诱惑，很容易被外界的灯红酒绿吸引，对那些坏事，想着"偶尔试一下没关系"的心理，然后一次次放纵自己，渐渐失去了原则和底线。只有确立好自己的原则，不论多么困难，多少诱惑都坚持到底，决不改变，才能保持自己心中对人对事的准绳，不偏离，不恣意妄为，让每一个脚步都端端正正，被人尊重。

大山里有个小村子，每年秋收后，每家都要拿些粮食送到老村长家，这位村长如今已经不管事，半瘫在床上，每到这个时候，他看到自己家桌上地上放满了粮食，都会满脸笑容。

一个游手好闲的青年对父母说："我真不明白村民为什么要给那个老头儿送那么多粮食，他一个人根本吃不完，为什么他可以不劳而获？"父母严肃地说："那是我们村的老村长，他为村子服务了几十年，就连他的腿，也是八年前洪水的时候，他去抢修道路才被砸的，做人要有良心，我们怎么能不管他呢？有我们的，就有他的！"青年听了再也不敢吭声。

做人要有良心，这是我们常常听到的告诫，村里的老村长卸任已有八年，但人们仍然惦记他，既是照顾他的残疾，又是感激他对村民们的服务。对那些帮助过自己，对社会有贡献的人心存感激，愿意尽力帮助他们，这就是良心。

良心的存在很大限度约束着一个人的行为，有时候我们做了一件好事，没有得到相应的赞美，甚至给自己带来了很大损失，也会抱怨："真不该那么好心！"但如果你不按照良心做事，良心的谴责是最可怕的。很少有人天生就大奸大恶，毫无是非。做了亏心事，绝大多数人都会日夜不安，如果有人因此遭受了重大损失，亏心的人更会觉得欠了别人，根本不敢再出现在那人面前。

在古代，有德君子讲究"君子慎独"，以"慎独"作为修身养智的要求。他们懂得定时反省自我，懂得在任何时候都会表里如一，不需要别人监督自己的品德。

世界有时很小，小到只有一颗心，我们需要做自己的导师，让心间充满善念，才能让双眼不被外物蒙蔽，让头脑保持清明与聪慧，达到"仰不愧于天，俯不怍于地"的境界。

4.
身外之物，不是我们活着的目的

一个富翁向老者诉说烦恼，他说他根本无法保持内心的平静。他总是被一种杂念侵扰，只要想到就坐立不安——他害怕死亡，或者说，他害怕的不是死亡本身，而是担心自己劳碌一生经营的事业，不能得到很好的传承。

"那么，你为什么不把它传给你的子女？"老者问。

"我有两个儿子，但是他们都不争气，怎么教也教不会。而且他们的关系不好，等我死后，恐怕还会为了争夺财产打起来，真让人担心。"

"这些身外之物，你只要抛开，就会有人接管。"老者说，"名利就像燃着火焰的柴火，你一直用手拿着，早晚会烧到自己的手，如果不能及时收手，连身子都会被烧。"富翁听了，深有感悟。

人活于世，难免贪恋一些东西。其中，名与利是众生执迷的对象。从古至今，很少有人能勘破这两个字。有人不惜舍弃一切，也要换得青史留名，哪怕是骂名，他也认为好过默默无闻；有人为了攫取金钱，抛弃良心，坑蒙拐骗，为的就是坐拥荣华富贵。这些人沉醉在欲海里无法自拔，得不到片刻宁静。

孔子说过:"富与贵,是人之所欲也。"连圣人都承认,名利的诱惑是巨大的,多数人追求名利,是为了得到更好的生活,不论是安身还是立命,谁不希望自己有名有利?但凡事有度,过分追求一种东西,就会忘记最初的目标,重视这些东西甚至超过自己的性命。就像小说《欧也妮·葛朗台》中的老葛朗台,爱钱到了走火入魔的地步,不但一分不肯分给妻子女儿,晚年时候还天天坐在满是金子的库房里,看着金子,就觉得心里暖和。

需要花费大量时间气力得来的东西,谁愿意舍弃?尽管国人讲了几千年君子之道,仍然不能免俗地追逐着名利,甚至抛弃一切只为名利。心灵就像一块玻璃,透过它看到世间万物。如果镀上一层水银,能看到的就只有自己,能想到的就只是自己的欲望。欲望就像一个无底黑洞,你越是往里边填东西,越觉得填不满。不过,欲望并不是恶魔,它不能控制所有人的心智,若你愿意放下它,绕着走,它就不能发挥作用。一切要看你追求的是什么。

一个外国游客去了法国,路过一处花园,看到花园里的植物修剪得非常齐整,整个花园都有别样的美丽与生气。她心生羡慕之情,找到花园的花匠,希望能够高薪聘请他,为自己整理花园。老花匠温和地摇摇头,拒绝了她的请求。

游客有点纳闷,自己开出的酬金非常高,远远超过在这里的花匠,为什么老人不愿意呢?同去的导游说:"你知道这位花匠是谁吗?他就是法国前总统密特朗,你说他会不会在意你的高薪?"游客惊呼:"为什么一个总统会做花匠?"导游说:"进退得宜,不正是与常人不同的地方吗?"

人们无法理解某些叱咤风云的人,为何能够忍受失去权势,失去昔日的风光,或者功成身退,或者及早抽身,甘愿做一个普通人。其实,这些人经历了更多的东西,更明白做个普通人就是人生最大的福分。

政坛风云变幻,风光都是一时,有人惨淡收场,有人步步高升,最好的结果就是急流勇退。像故事中的密特朗总统,退休之后不去循环演讲,不去当政府顾问，而是摆弄自己喜爱的花草，修剪出生命的另一种姿态。只要一心一意地享受其中的乐趣，当一个总统或者一个花匠，在他看来并没有什么本质区别。

诸葛亮说："非淡泊无以明志，非宁静无以致远。"名利堪迷，但一颗宁静的心却能超越欲望的牢笼，因为心灵向往的是一种更高的境界。就像一个喜欢登山的人，最初带着好胜心到处寻找高峰，证明自己的能力，最后却会觉得这种带着目的的征服，做多了也没意思，还不如静心享受攀登的乐趣，周边的风景，体味到生命的真滋味。

什么样的人生最丰富？是那种既有大风大浪的情怀，又有高山流水的情致。没有人从出生就懂得沉静，人都有激情迸发的时候，这时候一定要把握这份炽热，努力去创造、去证明。但在这之后，也要忍受冷清和高处不胜寒的孤寂，自古名利场都是一时的热闹，就像鲜花红不过百日。一颗宁静的心，会陪伴你经历世事，保证你不因物欲迷失，不论冷清还是热情，它让你相信生命最美好的部分，就是经历之后，还有一颗平和、空明之心。

5.
简单生活，自有其快乐

两个小徒弟从山间走过，看到一位隐士正在耕田，小徒弟说："我们特地来拜访您，因为您是一个有大智慧的人。我们都知道，您曾是宰相，在最鼎盛的时候自愿离开朝廷，在这里隐居。我们想知道，是什么让你愿意过这么简朴的生活？"

隐士说:"家财万贯,一日不过三餐;广厦万间,夜眠不过三尺。我有什么放不下的?如今我每日怡情养性,著书立说,过的是最逍遥的日子。"

小徒弟们听了不禁感叹:"这是智者才说得出的话啊。"

隐士认为他简朴的生活逍遥快活,就像很多发达国家流行的"简单生活":那些有优越经济条件的人,原本能够过更时尚的生活,但他们情愿"简陋"一点,穿便宜却合身的衣服,吃不那么精细的粮食,把开汽车改为步行……一来,这种生活出于他们的环保意识;二来,在简单的生活中,他们的心灵能够更加安定,更加知道自己想追求什么。

有人追求奢华舒适的生活,把出有豪车入有豪宅,有仆人照顾的生活当作幸福,但他们追求的并不是生命最本质的东西,那些豪华的事物占有了他们的目光,占据了他们大量的时间,于是他们腾不出手真正地做点什么。他们就像笼子里的鸟,只顾着每天的食粮和水,连唱歌都忘了,更不知道怎么展开翅膀,这样的生活还有什么意思?

现代人都会把时间一分为二,一部分用来工作,一部分用来生活。给生活那部分时间,因为要面对太多的诱惑,太繁杂的人际,太过庞大的信息量,以致没办法筛选,只能堆积在头脑里,正在想一件事,不经意又牵扯起第二件事,而后第三、第四……没完没了,简单也就成了一种奢望。也许我们应该看看小孩子的生活。

一位哲学教授在课堂上和学生们谈论"快乐"这个话题,学生们各抒己见,从古希腊的酒神祭说到了现代艺术,也没说出个所以然,快下课时,教授交代篇幅五千字的论文一篇。

说来也凑巧,教授回家后,他8岁的女儿正伏在桌子上写一篇作文,题目刚好是《快乐的一天》,只见她写道:"星期天,爸爸妈妈带我去动物园玩,我看到了猴子和老虎,他们真可爱。妈妈给我买了一块蛋糕。晚上我们一家人一起在阳台上烤肉,然后妈妈让我回去睡觉。我高兴极了,真是快乐的一天!"

第二天，教授把女儿的作文带到课堂，对同学们说："昨天我们讨论了一个半小时，你们每个人需要用五千字篇幅都未必写明白的东西，我的女儿用不到一百字，写得明明白白！"

如果一个人的心性像小孩子一样单纯，那么他们就很容易为简单的事快乐。其实，快乐是世界上最简单的东西，看到一朵花开了，你笑了，这就是快乐。但对于那些心思复杂的人，他们眼睛里看到的花，或者直接折算成价格，或者开始推测花主人的状况，或者掂量花朵有没有毒，他们从不把一件简单的事看得简单，也只能感叹："复杂，真复杂。"

究竟是什么让我们的生活变得过于复杂？让我们的心灵远离纯粹简单？是我们过多的思虑。面对人的时候，我们想的是人心复杂；面对事的时候，我们想的是详尽周到。其实不是所有人都复杂，除却一部分与你有利益冲突的人，谁没事硬要让自己对你复杂？谁不想活得轻松？除了那些事业上的困难和生活中的重大抉择，哪有那么复杂的事？都是被你想得太复杂，明明是一加一等于二，你偏要弄成哥德巴赫猜想。

把简单的事做复杂，太累。而把复杂的事做简单，就是智慧。有慧心的人即使在忙碌的环境中，也要化繁为简，追求一份简单的心态。在五色眩迷的生活中，也试图维持一份质朴，不让灵魂疲惫。为自己的心灵留一份孩童似的简单，相信那些你愿意相信的事，欣赏那些打动你的事物，把自己的心灵始终放在一个单纯美好的氛围中，就永远不会迷失。

6.
孤独是心灵的修为

一位禅师每天都会在固定时间进入房间里打坐，一连几个时辰悄无声息。很多弟子好奇禅师究竟在做什么。

睿德师弟刚入书院，年纪最小，也最得师父喜爱，这一天他忍不住问了师父："您为什么每天都要独自打坐？"禅师说："为师是在自悟。"

"什么是自悟？"

"就是自己问自己，自己答自己。经历'自悟'的过程，方能彻悟。"

自此之后，睿德师弟也学着禅师的样子，每日在自己禅房打坐，在孤独的沉思中果然能体会出很多的道理。

人活于世，总是不可避免一个问题：孤独。每个人都享受过孤独的滋味，小时候，哭泣时发现父母不在身边；长大了，遇到困难发现少有人能够帮助自己；困惑的时候，心中的情绪无法对人倾诉……孤独，有时候像自生自长的藤蔓爬满心灵，将自己牢牢捆住，不能喘息。有人被孤独压垮，有人却像故事中的高僧那样，开始了解孤独，享受孤独，明白孤独是人生必经的过程，正视并且接纳它。

孤独，能够磨炼出缜密的思维，能够锻炼出敏锐的观察力，很多伟大的成就都在孤独中产生，耐得住寂寞才能成就大事。马克思来往于大不列颠图书馆和自己的小书屋，历经四十余年，终于完成《资本论》；司马光通宵达旦翻阅史书，撰写文章，花了19年才完成《资治通鉴》；李时珍行走于深山，亲尝草药，用27年完成了《本草纲目》；曹雪芹"批阅十载，增删五次"，忍住一生的孤苦凄清，才完成古典名著《红楼梦》……能够与孤独为伍的人，最重视自己的心灵，也最容易取得巨大的成就。

哲人说："只有最伟大的人，才能在孤独中完成他的使命。"耐得住寂寞，几乎是所有成功者的共同特征。耐得住寂寞这种行为本身，就代表沉思与厚重，不随波逐流，一心一意做自己的事业。耐得住寂寞的人不会追求时髦，不会为了一时的功利放弃自我，他们把目标放在心灵最显著的位置，不偏不离，即使前方是荒山野岭，也要不断走下去。

安徒生写过一篇童话叫《野天鹅》，在这个故事中，女主角为了拯救被恶魔施了法术而被变成野天鹅的哥哥，在织完11件荨麻衣服之前，不论发生任何事都不能说话。在这个过程中，她与一位王子相爱，王子愿意娶她为妻。可是，因为她整天都在做奇怪的编织工作，还一言不发，有些人开始造谣，说她是妖女，必须被火刑处死，这个时候，她依然有口难辩。

幸好是童话，童话大多有一个幸福的结尾，变成野天鹅的哥哥们前来救她，在刑场穿上荨麻衣服，变回了人的模样，说出真相。女孩终于能够开口说话，并过上了幸福的生活。

所有在寂寞中行事的人都像童话中的女孩，有时候不是他们不想倾诉，而是说了别人也未必能懂得。他们的生活单调，经常不断重复同一个过程，无人理解，却有不少人非议。在这个环境中，他们忍受孤独的折磨，也磨炼着自己的心性。

在孤独的时候，我们对自己是坦白的，想要什么，想说什么，根本不必隐瞒，于是你能够更清楚地认识自我。人生本就是一个孤独的过程，没有人能代替你走完人生，甚至没有人能一辈子陪在你身边，但孤独却能教会你很多东西。例如，在遭遇困难的时候，如果没有人在你身边帮助你，你会明白什么叫自强；当所有人都反对你，你会明白什么叫坚持自我；当你靠自己的力量突破困境，你一下子就拥有了关于未来的自信……在孤独中，人能充分开掘自己的潜力。

当我们降生在这个世界的时候，是独自一人挣脱母体，发出啼哭；当我们离开这个世界的时候，是独自闭上双眼，安静离去。起点和终点，注定了我们与生俱来的孤独。至少，我们的灵魂是肉体的最佳伴侣，只要心灵足够丰富，我们能够在孤独中发觉自我，感受内心每一个细微的波动。没有他人的时候，我们更能正视心底最迫切的愿望，并下决心为之努力。古今中外，多少伟业在孤独中孕育，你的孤独，是否也应该有这样的分量？

7. 时时不忘见贤思齐

冬日夜长，书院里的弟子们睡不着觉的时候，也会找一些娱乐游戏，例如，他们会轮流讲一些有趣的故事。一个小弟子讲故事最伶俐，他记得多，讲起来绘声绘色，大家都喜欢听他讲故事，小弟子也很得意自己的本事。

在小弟子讲故事的时候，最不喜欢一个木讷弟子也在场。这个弟子反应慢，很多故事别人都明白了，他还要缠着小弟子问："为什么大家会笑？你到底想说明什么？"不但小弟子不耐烦，其他人也觉得木讷弟子扫兴。

有一天，小弟子实在心烦，就把这件事唠叨给自己的师父，师父说："依我看，你应该仔细和他学习一下。"小弟子大惊，师父接着说："不懂就问，好过不懂装懂，你敢说你讲的故事里包含的道理，你都明白吗？"小徒弟仔细一想，的确是这么回事。从此，他读书时也养成了好问的习惯，经常缠着师父问个没完。

俗话说，三人行，必有我师焉。每个人个性不同，经历不同，都有他独特的地方。就像故事中的木讷徒弟，他反应慢，扫众人的兴，但他敢于提问，善于思考，就值得别人学习。为什么有些天资迟钝的孩子反倒能做出大成就？就是因为他们懂得勤能补拙。所以，即使是聪明人，也不要为自己的一点资质沾沾自喜，不懂得学习别人的优点，早晚会被人落下。

古人说："见贤思齐。"说的就是看到别人身上有比自己好的地方，一定要虚心学习。想要成为有学问、有修养的人，就不要小看任何一个人，包括那些刚进幼儿园的孩子，有时候，他们的智慧能吓你一跳。如果让你向小孩子学习，你会不会觉得没面子？但知识不问来源，你能得到就是好事，何况，不要以为自己比一个小孩子了不起，学会谦虚对你有好处。

谦虚与骄傲并不矛盾，谦虚是一个人外在的态度，骄傲是一个人内在的气骨，两者完全能够统一。最怕的就是对外骄傲，甚至盛气凌人，不可一世；对自己却谦虚得很，总认为自己"不行"，成了自卑，这才叫色厉内荏，自我耽误。

一个农民正在路边散步，他看到一个教授模样的人赶着骡子车，急匆匆地赶路，突然，骡子尥蹶子，说什么也不走了。任凭商人打、骂、推、拉，骡子就是不动一步。

"这件事好办，"农民提醒教授，"你只要在它嘴里塞一团泥，它想着把泥吐出来，就走路了。"

"别胡说！"教授显然看不起光着脚走地头的农民，一团泥就让骡子走路？真是异想天开。农民见教授不相信，干脆坐在旁边看热闹，教授继续对骡子打、骂、推、拉，恼怒不已。到后来，他也想试试农民的方法，但看着农民看笑话似的脸，又觉得磨不开面子。直到日头快落，农民回家，才忙忙找了一团泥塞进骡子嘴里。不出一分钟，骡子果然开始走路。

看不起别人的人，也会被人看不起。教授认为自己学富五车，但在农事方面的经验，在驯养牲口方面的经验，却比不上一个天天在地头上的老农。可笑的是，教授把自己当成无所不能的天才，放着好的方法不用，偏要用笨法子，难怪农民要坐在旁边看笑话。那些以为自己很高明的人，也像这个教授一样，常常被人看笑话却不自知，真是件悲哀的事。

就算是百科全书，也有收录不到的知识，何况一个人的大脑。人的大脑固然有很大存储空间，但是人们的学识有限，学习的年限也有限，相对于知道的那部分，不知道的东西太多太多。据说孔子晚年的时候曾对弟子说："我的岁数越大，就觉得自己知道的东西越少。"以孔子的学问，到了老年，已经可以称得上那个时代最有智慧的人之一，但他竟然说自己知道的东西少，这并不是谦虚，而是一种自知。

在西方，古希腊哲学家苏格拉底也说过类似的话，那时全雅典的人都夸他聪明，他却觉得自己不知道的东西太多，最后他得出结论："原来大家夸我聪明，就是因为我知道自己'不知道'。"如果每个人都能知道自己"不知道"，以虚心的态度向更多的人请教，他的学识就会成倍地增长，那么，我们应该从他人那里学习什么？

首先是品德，当我们发现他人身上有善良、大度、正直、谦虚等品德时，我们应该自觉地想想自己与对方的差距，按照对方的行事方式弥补自己的不足；其次是学识见识，当我们发现他人在某些方面具备超过自己的智慧，一定要多向对方请教，多与对方谈话，能学多少就学多少。知识一经传递，就能变为自己的东西；还有为人处世的方法，不是每个人生来就会做人，做人这门学问，需要在他人身上学。为什么有些人能受欢迎，有些人却讨人嫌？接近那些真正被人喜欢的人，察觉他们的闪光点，只要学得会，你也能让自己发光发亮。

学无止境，不要放弃任何一个"见贤思齐"的机会。当你追赶超越一个又一个的目标，你已在不知不觉中比旁人站得更高，走得更远。而且，在你向别人学习的同时，别人也在观察你的优点，向你请教。这个时候请不要吝啬自己的经验，将你的智慧坦诚地告诉他人，这不会减少你的知识储备，只会为你渊博大度的形象添砖加瓦。

8. 懂得维护他人的尊严

日本江户时代有一位茶师，因茶道精湛，主人走到哪里就带到哪里。因当时治安不好，茶师只好换上武士装束，以打消强盗们的觊觎之心。

一开始，茶师跟着主人到处走，并没有遇到麻烦。有一天，他们在酒肆吃饭，茶师不小心撞到一个喝醉的武士，武士揪住茶师，非要与他决斗，茶师再三强调自己并非武士，武士红着眼说："你既然穿了武士的衣服，就应当有武士的觉悟，你难道不敢与我决斗？"

那时候的人最重荣誉，茶师不肯在众人面前丢脸，明知会输，他仍然答应武士的要求。两个人找了一块空地。茶师想到这是人生中要做的最后一件事，不容怠慢，于是，他首先取下自己的帽子，端端正正放在一边；然后把衣服的袖口慢慢扎紧；再然后，把裤脚也扎得紧紧的……茶师从容地做这些动作，那个已经拔出刀的武士却越来越心惊。

等到茶师终于拔出剑，那武士已经双膝跪倒，对他说："你是我见过的最伟大的武士！向你挑战，是我自不量力！"

一个不懂武功的茶师，却被武士称为"最伟大的武士"，折服武士的并不是武艺，而是尊严的力量。正是茶师宁死也不肯放弃尊严的淡然态度，让他有了胜利者的气势，让原本嚣张的武士甘愿认输。人们常说尊严无价，尊严给人带来的影响，的确无法用金钱衡量，那是一个人的骨气与傲气，支撑着一个人的形象和人格。

树活一张皮，人活一口气。尊严说小一点，就是指一个人能否得到他人的承认，他人的礼貌与尊重。说大一点，还包括他的价值，他的人格与国格，尊严的外延可以一直延伸，越是有地位的人，他的荣誉心就越强，越不能容许自己做出丢脸的事。当然，尊严与地位无关，每个人都应该被人尊重，每个人也应该主动尊重他人。

想要他人的尊重，首先要尊重自己。自爱是一种智慧，对自己的行为严格要求，符合道德与道义，不做亏心事，不为难坑害他人，在遭遇侮辱时奋力反击或积蓄力量雪耻，这些都是自尊的表现。而那些允许自己卑躬屈膝，左右摇摆，丧失原则，欺软怕硬的人，不懂得尊重自己，把自己当成他人的附庸，这样的人自然也不配得到他人的尊重。

小维是个直肠子的女孩，雷厉风行，敢爱敢恨，这样的性子有很多人喜欢，也有很多人讨厌，总的来说，这个女孩古道热肠，人还不错，就是一张嘴总是给自己惹事。

例如，小维在公司从来不顾及同事的感受，同事胖一点，她会说："快减肥吧，不然不到30岁就要吃降压药！"同事穿的衣服太鲜艳，她会说："你这么黑怎么穿这种颜色的衣服？下次想穿的话至少把脸涂白点。"同事工作没做好，她会说："你的能力本来就做不了这件事，非要去做，怎么样？吃亏了吧？"渐渐地，大家都不愿多跟她接触，她很纳闷为什么她这种能力性格都不错，对人又真诚的人，在公司为什么处处吃不开。

在维护自己尊严的同时，也要注意别人的尊严。因为别人和你是一样的，你要懂得将心比心。就像故事中的小维，丝毫不顾及同事的脸面，不是笑话同事的品位，就是质疑同事的能力，就算她有口无心，听到的人谁能好受？就算他们一时忍了她，对她的印象也会一天比一天糟，说不定哪天，就会爆发激烈争吵。

现代人都受过多年教育，不会肤浅到看不起什么人，也不会有意去伤害他人的自尊。但在现实生活中，有些人却因为不懂得如何给人留面子，常常和人撕破脸。他们做事一般不会多加考虑，说话更不会经过大脑。看到什么想到什么都会直接说出来，这种行为不叫坦率，叫草率，因为你并没有考虑对方的心情，甚至没有考虑场合，没有考虑这句话说出来的效果。

在乎自己的自尊，就要懂得帮他人维护自尊。在公共场合，不要批评他人，更不要讲他人的闲话，这就是最基本的尊重。此外想要批评他人的时候，注意语气和方式，可以先夸优点，再提缺点，照顾到别人的自尊心。你方方面面为别人考虑到，别人自然会考虑你。何况你的行为，本来就是一种让人心生敬佩的关心与睿智，如何不吸引人？尊严无价，每个人的心灵都有这样一片国土，你要用心守卫，同时也要记得，不要侵占别人的领地。

9. 闲言碎语，听听就算了

山里有间书院，书院有位远近闻名的名师，不少人慕名前来，争相拜会。在众弟子中，小徒弟惠真最受老师的喜爱。可是，惠真聪明是聪明，却因为太过显眼，招来师兄师弟们的忌恨。这天惠真向老师诉说烦恼，说师兄弟们经常议论他，说些闲话。

老师摇摇头，不以为然地说："是你在说闲话。"

"他们居心不端，胡乱议论。"惠真愤愤不平。

"现在是你居心不端，胡乱议论别人。"老师说。

"他们总是看我的一举一动。"

"现在是你盯着他们的一举一动。"

惠真生气地说："我这是在关心我自己，管我自己的事！"

老师说："他们说闲话，就让他们说去，你好好念你的书，做你的事，为什么要管他们在做什么？这岂不是成了和他们一样？"

每个人活在世上，不可避免地生活在某一种"处境"之中，有人处于顺境，扶摇直上；有人身在逆境，动心忍性，这是时运和个人能力的此消彼长，只要努力，总有将逆境变为顺境的一天。但是，另一种"处境"，不论在顺境还是逆境都无法避免，这就是他人的目光。

人活在人群中，就有一个形象。这既来自于你平日一点一滴的经营，也来自他人一言一语的评论。木秀于林风必摧之，你越是优秀，对你的非议也就越多。你善良，别有用心的人怀疑你虚伪；你能干，以己度人的人怀疑你走了后门；你取得了成绩，红眼病患者怀疑你名不副实……有时你脾气上来，想要与流言争辩，却发现越描越黑，人们说得更欢，本来没影的事，因你的激动，增加了几分可信度。

就像故事中的惠真小徒弟，当他在意师兄们的议论，他就整天竖起耳朵，唯恐别人又挑他的毛病，一来二去，自己也成了喜欢闲言碎语，在乎别人一举一动的俗人。若像老师一样不为流言所动，由着别人嬉笑怒骂，这才是境界，否则总想着别人如何如何，心灵被这些闲言碎语占据，又将那些美好的事物置于何地？

小芸是刚刚进入公司只有半年的新人，她一直觉得自己很幸运，因为带她的上司季姐是个要求严格，但对下属真心实意的人，公司里人人都承认，跟着季姐学东西，半年顶三年。私下里，小芸和季姐关系也不错，她是真心敬仰这个待她如妹妹的上司。

最近，小芸很气愤，因为总公司派了一个经理来这里，这个经理偏偏看季姐不顺眼，还有意无意地说季姐的闲话。后来知道，这个经理以前和季姐是大学同学，他常常有意无意地说季姐大学的时候如何如何，例如，"好像有好几个男朋友"，"和导师关系都不错，常惦记导师，买贵重的礼物"，小芸了解季姐的为人，听到这种话气得火冒三丈，恨不得跟那个经理大吵一架，季姐却命令她不许说任何一句话，只当没听见。

任凭公司里的人把这些话说得沸沸扬扬，季姐一概当作没听到，从来不解释一句。等到众人把谣言反复地说了几十遍、几百遍，也觉得再说下去没什么意思。何况经过半年的接触，大家发现那位经理的人品很有问题，说的话大概也不可信，于是，不少人开始为季姐抱不平。再后来，谣言没有了，季姐还是季姐，那位经理在众人眼中，却成了造谣生事的小人。

一个懂得修身养性的人，要训练自己的耳朵免遭流言蜚语的"骚扰"。如果知道关于自己的流言，特别严重的，可以留意一下来源，毕竟众口铄金，要防止别有用心的人坑害你，适当的时候也应该正式澄清。多数时候，流言是什么，你不用在意，反正只要你不跟着煽风点火，人们觉得没意思，自然不会说，它很快就会平息下去。

如果流言的内容说的是别人，你又不得不听，那么至少做到不要跟着起哄，更不要相信。俗话说"谣言止于智者"，你应该试着当那个智者，听到流言，不用太激烈地反驳，扫说话人的面子，可以用轻松的语气指出谣言的矛盾之处。不但和你说的人会佩服你的聪明，那个饱受流言危害的人，也会感谢你的睿智。

面对谣言，大发雷霆是最不理智的态度，纹风不动是最从容的应对方式。人毕竟都有气性，很难完全不在意别人的说法，这时候不妨"阿Q"一些，告诉自己之所以招人非议，是因为越来越优秀，那些没有特点的普通人，哪里有人传他的绯闻？如此一来，心情是不是好了很多？不管旁人说什么，都要学会调整自己的心理，让它保持在最稳定状态。

人生的大智慧，是一种修养，一种风度，闲言闲语，就像吹过草原的一缕阴风，无损分毫。甚至在这些言语中，我们能够更多地了解他人的用心，了解社会的复杂，了解自我的优缺点。生命是一个不断进步的过程，了解自己才能提高自我，尊重自己才能成就自我，欣赏自己才能坚持自我，要记得"自己"不存在于别人的目光和言语中，而是无人处放下心防、那些最真实、最自然、最坚定的意念，那就是完整的灵魂，真正的自我。

第十辑
关于生命的点滴智慧

如果问生命的意义是什么？一千个人会给出一千个答案。

所以，我们赋予生命何种意义，生命便为何种色彩。

没有一种生命是完美无瑕的，在有限的岁月里，将有瑕的生命活得坦然、健康，便是最好的事。

1. 感恩经历的一切

据说一位德行深厚的老师去西行游学，有一次路过西域的一个小国，寄居在一所书院中。恰好书院里有一个故乡制作的团扇。看到家乡的物品，家乡的图样，这位老师忍不住拿起团扇，流下眼泪，久久不能停止悲伤。

书院里的徒弟对老师说："常听人说这位老师学问好，德行深厚，现在竟然为家乡的一把扇子痛哭，德行高深之人不应是鲜有事物能牵动其情绪？看来他的修为不过如此。"老师说："说出这句话，可知你远不如他。为家乡事物流泪，这是纯良天性的流露，说明此人心地澄澈，不以他人为念。何况念故土、念旧德，是为人的根本，你们要牢记！"

我们常常会怀念过去，怀念不只是回忆，还包括对自己经历的一种尊重与爱护，就如老师看到家乡的团扇，想到故乡泥土的芬芳，想到扶持他一路成长的人，于是流下怀念的泪。难道怀念了过去，就有损其德行吗？不，正因为铭记了至善至美的部分，老师的心才越加坚强，愈加明白自己的所做所求。

当你怀念过去的时候，最先涌上心头的感觉是什么？是悔恨吗？因为做过许多错事，再也无法弥补，只能一次次后悔当初作出的选择；是不甘吗？在自己幼小的时候，尚未有足够力量的时候，没有做自己最想做的事；是迷茫吗？时间已经过去了那么久，自己竟然没有什么大作为，似乎白白浪费了青春；是痛苦吗？总有一些事让自己夜不能寐，难以忘怀，想起来就觉得心口不断抽痛……这一切，都因为你的心态还不够平和。

有慧心的人对过去的一切，都存在一种"感恩"的心态。过去固然给自己带来过伤痛，但是，正是这些伤痛，加上喜悦，加上其他各种情感与经历，成就了现在的自己。我们常说要从过去的经历中汲取经验，提炼智慧，那大多是针对某些人某些事的"小智慧"，对于生命，我们更需要领悟到"大智慧"，那是更宏观的角度，更高远的境界。

从前，有个男孩身世坎坷，从小父母双亡，在孤儿院成长。但是，他的运气不好，孤儿院被一把大火烧毁，几个孩子分别被领养。

领养男孩的是一对中年夫妇，他们一直没有自己的孩子。没想到两年后，他们的孩子出生，这个男孩就显得有些多余，最后，他被送到外城的一户人家。

说是养子，但这家人不需要孩子，只需要一个仆人，男孩每天都要做很多活，好在这里有吃有喝，养父心情好的时候，还会教他识字。可是，三年后，养父母嫌男孩吃穿用度太多，养着累赘，将他赶出家门。

好在他已经有十几岁，到了可以工作的年纪，他忍着旁人的白眼拼命打工，最后创下了一番事业，成为一个富翁。再后来，他给四位养父养母买了房子，让他们颐养天年。很多人不解他的做法，他说："我需要记住的，是他们在我幼小的时候，给了我吃的住的，让我能够长大，所以，我会把他们当作父母来孝顺。"

两次被收养，两次被赶出家门，在男孩成了富翁之后，他依然选择了做一个孝子。许是心地纯良，他始终记得养父母对他的恩情，也知道没有这份恩情，他未必会有现在的成就，就算他们做过对不起自己的事，也不能抹杀他们曾对自己的贡献。这样的人心胸宽广，更重要的是，他们懂得感恩。

需要感恩的并不是过去，而是曾经经历、正在经历、即将经历的一切。也许有人会说，难道让自己痛苦不已的困难、他人的敌意也需要感激？这就是在曲解感恩的含义。需要感激的是事物带给自己的那些深刻的感触，而不是感激今天谁打了你一拳，明天踢了你一脚。当然也不排除这样一种可能，多年后，你因为这一拳一脚的侮辱，偏要争一口气成了人上人，这个时候，你大概真的会打从心底感激有人曾经给你这一拳一脚，让你没有碌碌无为。

懂得感恩才懂得珍惜。人们总是说"失去以后才知道拥有的可贵"，懂得感恩的人，却是从拥有那一刻就开始珍惜，从不会留下这种遗憾。他们不会轻视别人的心意，不会贬低别人的努力，他们明白付出的价值，也明白不是所有人都愿意为自己付出。基于这种心理，他们会尽量体谅别人的心情，尽量与他人友好相处，尊重他人的个性与决定，和懂得感恩的人相处，你会觉得所做的一切都有价值，都有意义，而不是一场空。

走过的岁月永不停留，一个人如果学会感恩，他就具备了真正的慧心。他能珍视每一份属于他的心意和机会，这样的人生无疑是充满幸福感的；他能从每一次失败与挫折中提炼出经验，这样的人无疑能成就大事；他能从他人的敌意与轻蔑中既找到自己的价值与优秀，又提起骨气与勇气，这样的姿态无疑是高昂且金贵的……感恩，造就了一个人从容的心态，能够将岁月中所有美好的部分放入心中，化为生命的永恒。

2. 没有一种工作不需要吃苦

一天，皇帝的儿子走进书院，看着院里什么都好奇，说起话来更是没有拘束。他找到院里德行最高的老师问道："常听人说这是全国最大最好的书院，那在这所书院里，谁是修为最高的人？是不是大师您？"

老师含笑摇了摇头，说："所谓修行，需要心中时时有修行之念；又不拘于修行之念，需要事事谨慎，以不碍修行；又不能事事畏首畏脚，因修行阻碍做事……"小王子半懂不懂,只好问:"大师说的话真玄妙,那在这个书院里,谁是修行最好的人?"

"本院修行最好的,当属后院敲钟的静逸,今年只有10岁。"老师说。

"一个敲钟的徒弟?"小王子问。

"没错,他只是个没读过几本书的小徒弟,但是,他能做到心无杂念,一心一意地敲钟,所以这里的钟声,一向以清越见长,这都是静逸的功劳。今后,他也一定能有所作为。王子不妨记住老朽的话。"

数年之后,当年的小王子已经成了国王,他总是记得老师说过的"一心一意",故而成为一位人人称赞的国王。有天他突然想起当年的敲钟小徒弟,下令寻访,那小徒弟已经成了书院的新掌事,果然如老师当年所言。

人不可没有事业心,事业,是人生最重要的组成部分,一个人的价值,要看他为自己确立了什么样的成就,他对社会有多大的贡献,这都要靠事业来完成。小徒弟把敲钟当成事业时,他敲出的钟声是最动听的;小王子将治国当作事业时,他成了人人称赞的好国王。为了事业,人们更能发掘自己的潜质,更能鞭策自己。

很多人不懂得事业的含义,他们眼里只有工作。与其说是工作,不如说是一个月的工资。为工资工作的人,凡事得过且过,不会让自己最差,也不会争一个最好。因为没有更高的追求,也就不必花更多的力气。这样的人永远体会不到工作的乐趣,也体会不到什么是个人价值,他们只会在日复一日的机械劳作中消磨自己。

懂得热爱工作的人,才能成就事业。事业这个概念比工作更大,它的核心是工作,外延却包括人际、发展、自我定位、社会价值等一系列东西,说一千道一万,工作做不好,一切都没用。工作做得好,事业才能稳步发展,就连生活也会在这良好的运转下变得越来越顺畅,任何时候都会觉得有重心,不空虚。

有一只驴很郁闷:它的主人是一个商人,每天都让它驮着沉重的货物,来往于市集，没有一天能够轻松。特别是休息日，商人一天要它驮两次货物。驴认为："我虽然是个畜生，但也不希望自己天天受苦受累，请老天给我换一个主人吧，至少我能轻松一点，不用整天忍受风吹日晒。"

后来，驴实现了自己的愿望，它换了一个主人。新主人是个农民，不需要驴去晒太阳淋雨，只需要它在磨房转圈，拉动沉重的石磨。做了几天工，驴又开始叫苦连天，觉得自己根本没有休息的时间，又开始埋怨这家的主人不给自己一个轻松的生活条件。

然而，没过多久，驴恰好又换了一个主人。

这一次，驴享受到了上好的草料，每天不是在草地上玩，就是在驴棚里大睡，可是，驴却知道这样的日子不会太长。因为这次的主人是一个专门卖动物皮毛的商人，他养了很多动物，供给它们好的环境，为的是它们的毛长得油光水滑，然后剥下来做皮草……

很多人爱说："我对薪水要求不高，只想找一个轻松悠闲的工作。"但是，世界上哪里有悠闲的工作？除非有人愿意让你白拿薪水。就算那些不用工作的家庭主妇，每天忙到晚，也没见她们比别人轻松，你的老板又怎会给你工资，却不充分利用你的能力？除非你愿意像故事中的那只驴，看人眼色，任人宰割，完全做不了自己的主。

有这种心态的人，都因心理上对工作要求太高。注意，是高，不是低。他们希望工作满足自己的需要：让自己舒服。可是，在任何一个环境待长了，都不会舒服。比如，在电梯上当电梯小姐，轻松吧？坐在那儿帮人按楼层号就行。但做久了，你一定会觉得每天不见日头，没有未来发展前景，天天对着人很厌倦……人们难免会有好逸恶劳的心态，但是，太金贵的人，就算坐在高位上，也缺乏必要的心理和能力，早晚会遭遇失败。

有慧心的人选择工作，看的不是苦不苦，而是适不适合自己。有发展的，吃多少苦都值得；没发展的，就算不吃苦也只是混日子。何况，吃得苦中苦，方为人上人，最聪明的人会主动找苦吃，而不是被动接受痛苦。他们认为自己的各个方面都需要锻炼，与其一开始就坐在明亮宽敞的办公室，不如先去体验工作的方方面面，从基层开始一路攀升，才能稳扎稳打，又有群众基础，又有技术支持，不论到多高的位置，也会觉得自己脚踏实地。

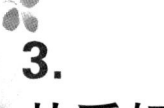

3. 从爱好中体验快乐

有些人生活乏味，有些人生活充实，他们之间的区别就如同"枯井"与"活泉"的区别。生活中没有爱好，每天都重复着相同的工作、休息，自然觉得日复一日，没有什么不同，既枯燥又乏味；生活中有了爱好，也就有了灵动的一面，伴随着每一天的提高，伴随着闲暇时的欢乐。

对于多数人来说，人生中最快乐的事，是在我们的爱好中得到的心灵满足。也许你会说这话太绝对，但请仔细想想，与人交往伴随摩擦，学业事业伴随瓶颈，爱情家庭总有波折，唯有爱好随着自己的心境，想做就做，不想做就暂时放下，既不会对你有碍，又不会跟你耍脾气，是心灵世界中最自在、最惬意的那一部分。

爱好没有功利性，所以可贵。爱好需要付出一定的心血，却不一定换来收获，但是，心中的快乐又怎能以金钱衡量？爱好能够抚慰人的灵魂，不论是伤心的时候，还是烦闷的时候，面对自己的爱好，就像面对一个相交多年的好友，可以尽情倾吐心中的不快，而对方一如往常，抚平你心中的波澜，让你重拾生气，再次看到生活中最有乐趣、最纯粹的一面，这时候你会发现，原来让自己快乐是一件如此简单的事。

约翰已经老了,他觉得自己来日无多,高血压、高血脂,还伴随心脏病,更不幸的是,他的儿子工作太忙太累,无力照顾他。当约翰坐在养老院的长椅上,他感到死亡正一步步走近自己,他陷入了深深的消沉。

这一天,护理他的护士突然说:"为什么你不学学画画呢?试着画一下吧!"

"可是,我从来没动过画笔!上次画画还是在小时候!"

"有什么关系。"护士说,"不是要画出什么名堂,只是打发时间,画画吧。"

在护士的带动下,约翰开始画画,同一个老人院里还有人也在学这些东西,当他们看到约翰的画作,都觉得惊讶,认为他是一个被埋没的画家。约翰老人越画越起劲,后来还参加了一个为老人绘画开办的俱乐部。自从开始画画,约翰觉得自己的人生有了新的意义。心情一好,身体也跟着健康起来,现在,他看上精神矍铄,他的梦想是举办一个自己的画展。

只要用心发掘,生活中很多事情都可以成为我们的爱好。去小区走一圈,看看那些老人在做什么,你就会发现生活处处有快乐。有些老人喜欢种花,或在自家门前开一片小菜地,自己种些蔬菜;有些老人喜欢下棋,一个下午也下不腻;有些喜欢吹拉弹唱,还有不少人捧场;有些人喜欢拿着钓竿去钓鱼,有些人喜欢举着笼子养鸟⋯⋯老人尚有此情趣,何况是年轻的你。

也有人说,老人发展爱好是因为他们时间充足。爱好固然会占用一些个人时间,但是,相对于它带来的欢乐,付出的时间都是值得的。何况,爱好真的不能拿"失去得到多少"来计算。一个人的爱好可以跟随人一辈子,带给他一辈子的快乐,这种获得有什么能取代?觉得自己时间少,可以培养一些不那么费时间的爱好,例如养几条鱼、几盆花,收集邮票或旧物,这些都能在工作之余,作为心情的调剂。

有爱好,还能促进人的人际交往能力。人们往往会因为相同的爱好聚集在一起。小区里或者网络上,都有不少同好组织,可以认识来自各行各业的共同爱好者，让你能够广交朋友，开阔眼界。当自己的爱好在相互切磋中，得到长足的提高，那种满足感，就连工资涨了一些恐怕也无法比拟。爱好，就是这么奇怪的东西。

爱好最大的用处，恐怕就是对心灵的维持与呵护。人们最初确定自己的爱好，是因为做一件事，发现了遏制不住的喜悦，这喜悦无关其他，发自内心。所以，面对自己的爱好，总能想到最初的心情，而心情是可以感染的，因为爱好的满足，一天或几天的情绪都变得轻快，烦恼也抛在脑后，困难看起来也不是那么为难。爱好，是人们一生的良友，也是取之不尽的欢乐源泉。

4. 为自己的身心减压

现代生活中，烦恼与压力都是生活中不可避免的，想要找出个没有压力的人，简直比大海捞针更困难。人们的身心长期处在超负荷状态下，难免产生负面反应，不论是抵抗力下降、集中力下降，还是直接表现为身体上的病变，这都是身体和心灵长期得不到休息的结果。压力大是现代人的普遍特征，如何正确看待？

压力有时候不是坏事，一个人如果长期生活在没有压力的环境中，他的精神就会懈怠，四肢也会因过度放松而失去力量，进取心更会被消磨。所以古人说"生于忧患死于安乐"，认为"忧患"才能磨砺一个人坚强的心性，使人有所作为。可是，如果长期被压力挤压，生活处处都是忧患，步步都是不容易，一个人的精神很容易承受不住。一根弹簧承重太久也会失去压力，何况人的精神？过大的压力很容易使人丧失信念，变得麻木，甚至产生"太累""没意思"等念头，想要轻生，这就是压力过度，产生了相当严重的心理问题，这种问题轻则影响生活，重则危害生命。

进入新公司后，李杰觉得自己再也没有顺利过。在带领项目时，他的下属不愿意配合他的步调，甚至和他公开唱反调。那些对他有保留意见的上司持观望态度，很少发表评价，也不会帮他说话。李杰从前是个意气风发的人，现在他也摸不准领导者的心理，只能小心翼翼地做事，以免丢掉饭碗。

在公司郁闷，回家也不消停，从前看上去贤惠的妻子突然多了很多毛病，变得唠唠叨叨，整天问东问西，让他怀疑是不是更年期逼近。一直支持他的父母突然变成了成功学家，每件事都要过问，都要提出意见，教导他应该如何做，随时数落他的不对。

一天，他和妻子发生激烈争吵，他怪妻子不体谅自己的烦恼，妻子说："你到底是怎么回事？自从换了新工作，你每天都不给人好脸色，以前问你什么，你都很有耐心，现在还没等开口你就先说烦！以前你遇到什么事都找爸爸妈妈商量，现在你根本不尊重他们的意见！"听了妻子一席话，李杰才发现原来"不顺"的原因不在他人身上，他人没什么改变，变的是自己的心情。工作带来的烦躁影响了他处理人际的耐心，这烦躁来自换工作后巨大的心理压力，如果不能及时克服，只会让自己的情绪越来越糟。

李杰请了几天假，陪陪孩子和父母，调整好自己的心情，然后回到公司，一改往日风格，收敛了自己的强势，有事情都会和下属上司们好好商量。他的改变果然奏效，其他人也开始变得和声和气，渐渐地与他熟识，开始培养感情。

压力像一个负面磁场，一旦形成，吸收和释放的东西就都是负面的。就像故事中的李杰，他的压力大，最初只是觉得工作不顺手，慢慢地，他开始变得挑剔，变得暴躁，再也没有愉快的心情。更糟糕的是，他只觉得自己压力大，并没有察觉到这种压力已经表现出来，并迁怒于他人。多数心理压力过度的人，都有这个特点。

　　压力大多来自于心灵的不如意，来自现实与理想的差距。人们常常觉得别人看过来的眼光是种压力，其实别人也许并没有看你，只是你自己太在意这件事，以为别人和你一样在意。这时候要知道，理想虽然美好，毕竟是一件遥远的、需要付出长期努力才能达成的事，如果太过急迫，不但事情做不好，还会把好端端的理想变为另一重压力。在这里还要介绍一个减压小窍门：不管做什么，都不要提前对他人说出来，一旦说了，就会有无数双眼睛盯着你，让你手忙脚乱，自然就会产生压迫感。

　　给自己减压是一种智慧。不管是肩头还是心上，压的东西多了，就会让你喘不过气，行动缓慢，这时候就要主动减去一些压力。无关紧要的事不能压在心上，赶快动手来个大扫除；短时期内解决不了的烦恼也不必压在心上，制订一个计划，按部就班地准备，等到一定火候再烦恼也不迟；已成定局的事不必压在心上，事已至此，你需要的是重整旗鼓……现在重新看看，你还剩多少压力？生命中真正让你怀念的，不是沉甸甸的压力，而是卸去压力那一刻，如释重负的轻松感和喜悦感。

5. 总要有所割舍，才能有所获得

　　一只猴子想要变成人，它是这样说的："为什么不让我变成人呢？我有人的智慧，有人的灵活，如果我变成人，会比人类做得更好！"然而，想要成为人，猴子的毛就必须被拔掉。谁知猴子刚被拔下一根猴毛，就痛得大叫,再也不肯让别人拔自己的毛。世人评价:"这么一毛不拔,怎么能变成人呢?还是做猴子吧。"

中国语言博大精深,"舍得"这个词,寓意"有舍才有得"。而人性正如这只猴子,总是贪图一切,想要最好的,却不知道你想要的越多,需要舍弃的就越多。那些不能舍弃的人,一辈子小富即安,或抱残守缺;那些懂得舍弃的人,有的也得到大富大贵,但舍弃终究是一种遗憾,让他们时时怀念——每个人的人生,其实都不圆满。

人世的一切无非取舍二字。就像爬山,你在山脚的时候,可以随意玩耍吃喝,越往上走,背上的行李就要越轻,否则你还没登上山,自己先被压垮了。如果你想要攀登的是险峰,就要冒生命危险。如果你想到达最高峰,你会发现连空气都会越来越少……捷径当然也有,坐个缆车,也能到达一定的高度。但走马观花似的玩赏景物,看到的只是皮毛,算不得数。真正的高峰,只有极少数人才能到达,在到达之前,那些人都有"舍弃一切"的觉悟。

取舍的关键在于权衡,权衡是一门深奥的学问,需要阅历,更需要智慧。在前面的章节,我们说到过选择,选择只是取舍的一部分,但道理却是相通的。选择,大多是现实生活中存在的必选题,而取舍,却涵盖了生命的方方面面,你最需要知道的,是哪一种"取"对自己最有好处,这种好处并不单单指物质上或精神上,还应该考虑未来的日子中,你的决定是否能让你安心、不后悔,这才是真正的取舍智慧。

汪小姐最近换了一份工作,在别人看来,她的选择很难理解。汪小姐原来的公司很器重她,每年都有高额奖金,还有升职加薪等待遇,汪小姐却跳槽去了一个竞争激烈的大公司,薪水还不及从前。有人说,汪小姐看重的是大公司的发展机会。立刻有人提出反驳说,汪小姐的能力虽好,但大公司处处都是这种能力的人,她出头的机会很小,远远不如在那个稳定的小公司当一个头目。对这些议论,汪小姐一笑了之。

汪小姐在新公司里并不顺利,每天工作辛苦不说,还经常遭人挤对,汪小姐任劳任怨，给上上下下的人跑腿，两年后，终于有了一席之地。这时，她突然递出辞呈，出去开了一家自己的小公司。原来她早就有这个想法，跳槽去大公司，不过是为了更多的经验和更宽的眼界，认识更多的客户，为未来牵线搭桥。

权衡这件事谁都会做，却不是所有人都能得出明智的结论。有些人眼界窄，看到的永远是事情的一小部分，他能"得"的，也不过是那一小部分。看得越远，越能横向纵向两相比较，学识经历一样都不能缺少，理智与感性也要各占一定的比例，人的智慧越多，越懂得权衡轻重，权衡利弊，权衡得失，继而取得一个折中点。权衡后的坚持也很重要，因为"大利"总是离你很远，甚至可能得不到；而"小利"就在你身边，伸伸手就能拿到，这就需要你具备清醒的头脑，坚定的心智。

真正的智慧在于"折中"，"舍"与"得"并不是对立概念，绝大多数事情并不是非此即彼，你完全可以试着"兼顾"，只是要把轻重分得清楚。"折中"就是一种平衡，把最多的精力心思集中在最重要的事情上，其余兼顾，这样你就可以让生命保持一种富足的稳定，遗憾虽有，得到却最多。

6.
健康就是最大的幸运

一个年轻人总觉得自己没有钱，人生没有任何意义。他对老师说："我每个月都在为房租烦恼，别人开着跑车，自己只有一辆自行车，没有钱，也没法追求漂亮的女孩，我这样的人，活着到底有什么意思？"

老师说："刚才也有一个人来我这里，问我活着有什么意思。"

"难道他也没有钱？"年轻人问。

"不，他非常有钱。"老师说，"他是个50岁的大富翁，但是，因为常年劳碌，身体各个器官都出了问题，走路只能靠拐杖，过不久大概就要坐轮椅，他有很多很多钱，但他已经没有什么兴致去花。他非常羡慕年轻人，说宁可用全部财产，换一个健康的身体。那么，是你的话，你愿意和他换吗？"

"我不愿意！"年轻人立刻说。那一刻，他觉得自己其实挺幸运。

人生在世，每个人都在寻找快乐。可惜，快乐这东西不是你想要就马上得到，不论是事业上的成就，感情上的归依，学业上的进步，这些快乐都需要一段相当长的时间，在这个过程中，我们要保证的就是身体的健康。没了健康，只能在病床上听到事业的成功，看到爱人忙碌的身影，或者收一张自己根本无缘享受的录取通知书，这样的快乐有什么意义？甚至不能叫快乐。所以年轻人说，他才不愿意用健康的身体换一笔巨额财富。

健康是无价的，每一个健康的人，本身就是一个大富翁。他们拥有了奋斗的基础，坚实的双手让他们能吃苦，也有力气去抓住自己想要的东西，一个人应该把健康摆在生活的首位，健康就像一个数字的第一位，如果它是0，后面的数值再大，也不过是个0，没有什么比拥有却不能享受更让人灰心丧气。

健康也是个大问题，现代社会很多人不重视健康，他们认为身体马马虎虎，不生病就行。但是，没有人是一下子就病倒的，都是在长年累月的劳累中，一点一点损伤机体的功能。或是在常年的懈怠中，根本注意不到身体的病变。这种慢性衰老很可怕，在你察觉不到的时候，你的身体已经在走下坡路，等到病重的征兆出现，你甚至来不及补救，糊里糊涂就倒在了床上，你所做的一切努力，也变成了此刻的医药费。

"趁年轻要多打拼"是乔生的名言。他今年29岁，靠着优秀的能力和勤奋的态度，已经在大城市买好房子，也是公司倚重的管理人之一。他是有名的工作狂，恨不得一天24个小时都扑在工作上，就连和女朋友的约会，都草草了事，所以他迄今还要抽出时间相亲。

新的女朋友在医院做护士，是个漂亮开朗的女孩，乔生很满意，也很有一见钟情的感觉。当了解到乔生的"口碑"，女朋友说："现在过劳死的人这么多，你再这么下去，就算赚到了钱，也不过是支付医药费。"乔生对此不以为然。

女朋友有女朋友的办法，她总是要求乔生带她出去玩，要求乔生不能在假日工作，每天晚上也要接她下班。乔生觉得这女孩要求真多，但因为喜欢，他也只好把多余的工作推掉，在闲暇时间和女友在一起。不得不说，这种劳逸结合的方法，非但没让乔生少赚钱，还大大提高了乔生的工作效率，让他再也不会因加班过度而头脑昏沉，需要大量咖啡提神。

乔生已经做好了未来的打算，和女友结婚后，他会尽量按照女友的意见安排工作和休息时间，增加运动和户外活动。就像女友说的，打拼重要，身体更重要。

身体是革命的本钱，身体健康才能打拼事业。多数人没有史铁生的不幸经历，多数人有还算不错的身体，就算有个小病小灾，也出不了什么大问题。但是，如果日以继夜地劳累，耗费体力和脑力，再好的身体也会支撑不住。等你元气大伤，再想补回来，就不知道要耗费多少时间，所以，趁着健康的时候惜福养身，才能有更好的精神面对事业。

没有健康的身体，享受不到真正的快乐。试想你患重感冒的时候，就算有美味的食物，你也吃不出味道；有美女帅哥自身边经过，你也看不清长相，甚至懒得抬头；就算告诉你有一次免费出国旅游的机会，你也希望把这次机会换成一片药到病除的感冒药。这不过是一场感冒，倘若你病得更严重呢？倘若你已经到了无法起床的地步，欢乐跟你还有什么关系？

千万不要因为一时的快乐或拼搏，损害自己的健康。要保证良好的睡眠和营养，要保证足够的运动与休闲。人的身体是一台精密的仪器，经常活动，润滑，才能保持运转良好。如果每天都在超负荷的旋转，很快就要报废。幸福的生活需要自己去创造，在创造之前，先要保证自己有资本去做，也有资本去享受，做了不能享受，不是智者的行为。

7.
年轻无关年龄，而是心态

没有经历，就很难设身处地地理解。如同，年轻人很难了解老人的心态，在他们看来，老人，他的内心应该波澜不惊，他们应该习惯于待在一处，不爱热闹，不热衷于参加活动。但是，实际却并非如此。有些人"不服老"，他们相信岁月带走的只是青春的容貌，但真正的激情不一定就随之远去。相反，有些人年纪越大，越能看清自己的优势，更明白内心的需要，他们突然开始下功夫，比年轻人更用心、更专注，让人不得不敬佩。

现代人生存辛苦，也就更容易衰老。过重的心理压力，过大的工作强度，过于疏懒的生活态度，都让人的机体呈现出衰老状态。比身体更容易老的是心灵，看到新鲜的事物，再也激不起波澜，再也没有尝试的意图，就像提前进入老年状态，什么都对付着来，将就着去，生活没有奔头，不过随波逐流，走一天算一天。苍老离死亡只有一步，人们苍老的时候，就已经接近了死亡。

人们的心为什么会苍老？因为他们再也不相信生活，再也不相信未来，这样的心如古井的水，不会为难过的事伤怀的同时，也不再为快乐的事惊喜。人的确应该追求一种心灵上的宁静，不要让情绪大起大落，但一旦没有情绪，这种宁静也就变成了死寂，终归与生命的本质背离。

一位记者正在采访一位80岁高龄的老人，老人虽然一身病，但精神状态却很好，每天兴致勃勃地组织社区里的老人们举办各种活动，展示才艺。最近，她正张罗一个夕阳红画展，想要更多的人注意那些被埋没的老画家。记者采访完忍不住感叹："您真是老当益壮！"

回来的路上，记者坐在公车上重新听采访录音，突然发现身边坐了个翻着教科书的女孩，女孩双眼无神，根本没把目光停在书上，她看上去对什么都不感兴趣，整个人都是麻木的、恍惚的，看上去疲惫不堪……

人们害怕变老，变老会让人失去多少东西？美人变老，要面对镜子中长满皱纹的脸，再也得不到别人的追捧；运动员变老，曾经达到的纪录再也无法超越，只能看着自己越跳越低，越跑越慢；科学家变老，发现自己的思维变得迟缓，忘性变大，再也不适合精密的研究工作……对绝大多数人来说，衰老都是一件可怕的事，那代表盛年难再，代表死亡即将来到。

不过，衰老有时不是指身体上的，而是心灵上的。就像故事中的老人和孩子，老人还能保持活力，散发余热，不浪费任何时间，做喜欢做的事；孩子却对什么都不感兴趣，对生活完全麻木。显然，老人的心比孩子年轻得多，老人每天想的是如何开心，孩子每天想的都是不开心，这样的生存状态，后者不如前者。年轻是一种心态，而不是一种身体上的状态。你如何判断谁老？谁年轻？人的生理和心理原本就不能一一对应，那些人老心不老的老顽童，有时候比五六岁的孩子更加热爱生活、热爱生命，懂得寻找快乐。

人的心态可以是一条变化不定的曲线，高高低低，时好时坏，还有期待，还能失落，也是年轻的一种证明；也可以是一条直线，心态平和，波澜不惊——不过，只有这条直线在一定的高度上，才称得上豁达与智慧，若它越来越低，最后也只能跌至生命的谷底，再也无法攀升，这不是苍老，而是真正的死亡。生命，只有与年轻的心相伴，才能焕发真正的光彩，不要为生活中的挫折磨损自己，把心灵放在更高远的地方，才能懂得年轻的快乐。

8. 有错误要"认"

有个心细的老师发现捐款箱里的钱常常变少。他每天都会在黄昏前整理善款,因为书院开放到很晚,他并不急于取出这些善款。但是,这几天的晚上,老师怎么数,怎么觉得不对劲。他怀疑是负责打扫的学生偷偷拿了钱,就把这件事告诉给书院的校长。

校长说:"找不到证据,不要随便怀疑人。"老师只好一连几天观察学生,越看越觉得可疑。而且,每天善款仍然会少一些,这不就是证据吗?有一天,老师干脆在学生打扫的时候偷偷观察,只见学生果然把手伸向捐款箱。

"你这个小偷!"老师冲上去抓住学生,学生一脸茫然地问:"我怎么会是小偷?我不过是要擦这个箱子。"两个人大吵,最后,因为"证据不足",学生没有受到处罚,老师到处对人抱怨学生品行有问题,怎么能继续留在书院,还让校长给学生换了一个职务,远离了捐款箱。

可是,善款还是每天都会变少。老师只好带了几个壮实的学生埋伏在不远处。果然小偷另有其人,当晚,他们就抓住了真正的小偷。老师很惭愧,亲自找被冤枉的学生认错,学生说:"您是老师,怎么能跟我认错呢!而且弟子中的确只有我在正殿,您怀疑我也不奇怪。"

"不,我一定要认错,不这样做,我就永远不知道什么是对。"老师说。

圣人说:"知错能改,善莫大焉。"有了错误就要改正,改正之前先要承认。知错的外在表现,就是认错。认错是一种态度,如果它有一个郑重的形式,就能更深地留在记忆之中,时时提醒自己。此外,认错对于无辜被牵连的人来说，也是一种心理补偿。就像故事里的小徒弟，有了老师的认错，他才算得到了真正的尊重。

认错也需要度量。有些人拒不认错，因为他们要照顾自己的面子。他们觉得承认自己错了，就是否定自己，就会大失颜面。可是，如果一个人连承认错误的勇气都没有，别人只会认为这个人刚愎自用，不会留下好印象。而一个勇于认错的人，却显露出内心的谦虚，让人打心底里愿意宽容，愿意给他更多的机会。

认错需真诚。有些人迫于外界压力承认错误，其实心里觉得自己挺对，这时候他口中说着"对不起"，却是一副无所谓的态度，甚至看都不看那个接受认错的人。这样的错还不如不认，别人不愿意接受，你也一肚子憋屈。既然决定认错，就要仔细想清楚自己到底哪儿错了，需要怎样道歉怎样补救，如果自己没想明白，就不要去认错。

一条热闹的商业街上，有两家零售店，出售的商品都差不多，可两家受欢迎的程度却不一样。尽管戴夫的商店比托里的商店更大，货物的品种也更齐全，但人们似乎更喜欢托里的小店，回头客总是走进托里的商店，这让戴夫很郁闷。

戴夫的生意不好并不奇怪。戴夫是个脾气暴躁又爱面子的人，有些顾客挑剔，东西买回家又拿回来换，这让戴夫很生气，他会粗暴地说："既然东西没问题，怎么能换货呢？你在开玩笑吧？"或者说："为什么买东西的时候不好好挑一下？我是卖货的，还是换货的？"时间一久，顾客都不喜欢忍受他的脾气。

托里的处理方法完全不同，他会主动询问顾客的需要，尽量满足顾客的要求，如果顾客无理取闹，他也不会退步。当顾客对商品提出意见时，托里首先想到的是自己出现了什么失误，他的这种态度，让那些存心找碴的人也不想再跟他过去。所以，托里的生意越来越好，别人都说托里很快就会开一个比戴夫的店更大的商店。

认错并不仅仅是口头上的，更重要的是有一种"认错心理"，知道自己察觉错误，而不是自我感觉良好，等着别人指出来，才恍然大悟。当然，也有人执迷不悟，即使错误就摆在眼前，他们也要强调自己的理由，寻找各种各样的借口，把错误推出去。

有慧心的人应该知道，一件事不能好好结束，拖拖拉拉，就会影响另一件事的开始。认错就是如此，承认错误，就是以自我检讨的态度结束了一件事，这就是结果：失败，能承担。反之，结果就是：错的不是我。前者很快就能按照对的方式开始，后者继续走错的路，或者一面走在对的路上，一面嚷嚷"那条路也没错"，让人觉得表里不一。

认错的时候，一定要记得尽量补偿对方的损失，不要以为"对不起"能解决一切问题。如果对方的损失是物质上的，应该尽快给予补偿；如果是心灵上的，恐怕需要更长的时期消除影响。无论如何，认错，好过知错不改。还有，当别人向你认错的时候，记得不要得理不饶人，你可以批评对方几句，但不要说得过分，过后就把这一页翻过，不要反复提起——你对待别人的态度，往往就是别人对待你的态度。你不能保证你做的每一件事都是对的，至少要保证在做错事以后有一个对的态度。

9.
去自然中寻找困惑的答案

一位师父总喜欢带着他的弟子四处游玩，弟子并不喜欢出门，他常常说："师父，我连书院里的藏书都看不完，你还拉着我到处玩，我会落在别人后面！"师父说："万物都有本源，我们的本源就是自然，多接触自然，才能有静气，不信你跟我走走。"

师命难违，徒弟只能跟着师父到处行走，在秀丽的山川，润泽的河水，飘香的稻田中，徒弟每每闭上眼睛，让心灵体会大自然的和谐与宁静。有时夜间走山路，突然下起雨，微雨落在肩上，让他觉得清凉喜悦。渐渐地，徒弟也爱上了徜徉山水。

更让人惊讶的是，当他回到书院里，再翻那些诗书典籍，突然觉得福至心灵，很多从前想不通的问题，竟然一下子想得明明白白。原来大自然不但能提升自己的心性，还能让头脑更清醒，视角更广阔。从此，徒弟对师父更加佩服。

万物来自自然，人也是如此。故事中的师父相信，人在自然中领悟的东西，远比在书本上领悟得多，因为人本身就是自然的一部分，只有回归自然，才能更加深入地挖掘自我，体味自我心性。在山与水的关照中，内心的高尚与渺小纤毫毕见，不容回避。正因为有了这样的认知，人才会变得更通透、更聪明。

在自然面前，人们首先感觉到的，是万物的美丽。而且，那些景物似乎与人有想通之处。那激打着厚重岩石的海浪，就像无畏的勇者；那坚实宽广的土地，像母亲温柔的胸怀；那山间潺潺的溪流，让人想到太天长地久……每一次看到自然，都是一次陶冶，让你更加懂得什么是美，什么是好，什么是真正的生命。

在自然面前，人总是能意识到自己的渺小。比起辽阔的天空与大海，一望无际的平原，横穿几千米的长河，与大自然的鬼斧神工相比，人的力量那样微不足道。在大自然的胸怀中，人们的爱恨情仇，贪嗔怨怒，也显得如此不值一提。为什么人在烦闷的时候喜欢游山玩水，就是因为在山水之间，烦恼会一点点消退，剩下的，只有对自然的感叹，对生命的感叹。

因为航班的延误，李老板遇到了大学时的同学周林。周林是个摄影记者，最近刚刚从丽江回来，在上海转机，两个人在候机大厅闲聊起来。周林羡慕李老板事业有成，李老板却很想听听周林这次游玩的经历。两个多小时的时间，周林一直在讲丽江的风景。快分开的时候，还让周林将相机上的照片都转存到他的电脑上。

回家后，李老板反复看那些照片，想来他也因为公事到处出差，自己成了老板后，有时还会去国外谈生意，每次也会去一些风景区，可是，他从没拍过如此细致美丽的照片，想来是因为心境不同的缘故。李老板突然有一个想法，他想要提前退休，早一点去山水自然中享受人生，理解生命真正的快乐……

亲近自然，是一种什么样的状态？是一种心情的回归，身体的回归。当人们感到身心疲惫的时候，会特别希望投入到自然中，得到万物的抚慰。故事中的李老板看到丽江的风景人情照片，就已经感受到其中的美丽，可见自然是人们灵魂的归处，每个人的内心中，都有向往自然的一面，就像年幼的孩子，总喜欢跑出去在草地上打个滚。

接触自然的最佳方法是旅行，短期的旅行能让人转换心情，长期的旅行则能让人转换身份。不管短期还是长期，旅行最好不要仓促，要尽量让路程慢一点，时间充裕一些，这才能做到真正的享受，而不是舟车劳顿，回来的时候只有"累"一个感觉。还有，不要觉得一个人出游很潇洒，如果你不具备强大的应变能力，要去旅行，最好注意安全。可以选择跟团出游，也可以参考他人的攻略，制定一个路线，但最好有人同去，互相照应。

如果有一天，你觉得情趣匮乏，觉得自己的智慧无法应对纷繁人世，建议你暂时放下一切，去大自然中走一圈，很多想不明白的问题，在自然中都能找到答案。名利也好，悲喜也罢，与生命比起来，不过是一个极小的落脚处，人的心，应该始终向往更广大的空间。还有，费尽心思争来争去，最后都要埋进黄土，凡事但求尽心，就无愧于生命，又何必对结果斤斤计较？人来自自然，也将回归自然，这就是真正的永恒。

图书在版编目（CIP）数据

清净心看世界，欢喜心过生活 / 朴石著 .—北京：中国华侨出版社，2016.5

ISBN 978-7-5113-6056-4

Ⅰ.①清… Ⅱ.①朴… Ⅲ.①人生哲学 – 通俗读物 Ⅳ.① B821-49

中国版本图书馆 CIP 数据核字（2016）第 102638 号

清净心看世界，欢喜心过生活

- 著　　者 / 朴　石
- 责任编辑 / 文　喆
- 责任校对 / 孙　丽
- 经　　销 / 新华书店
- 开　　本 / 670 毫米 × 960 毫米　1/16　印张 /17　字数 /220 千字
- 印　　刷 / 北京建泰印刷有限公司
- 版　　次 / 2016 年 6 月第 1 版　2016 年 6 月第 1 次印刷
- 书　　号 / ISBN 978-7-5113-6056-4
- 定　　价 / 32.00 元

中国华侨出版社　北京市朝阳区静安里 26 号通成达大厦 3 层　邮编：100028
法律顾问：陈鹰律师事务所
编辑部：（010）64443056　64443979
发行部：（010）64443051　传真：（010）64439708
网址：www.oveaschin.com
E-mail：oveaschin@sina.com